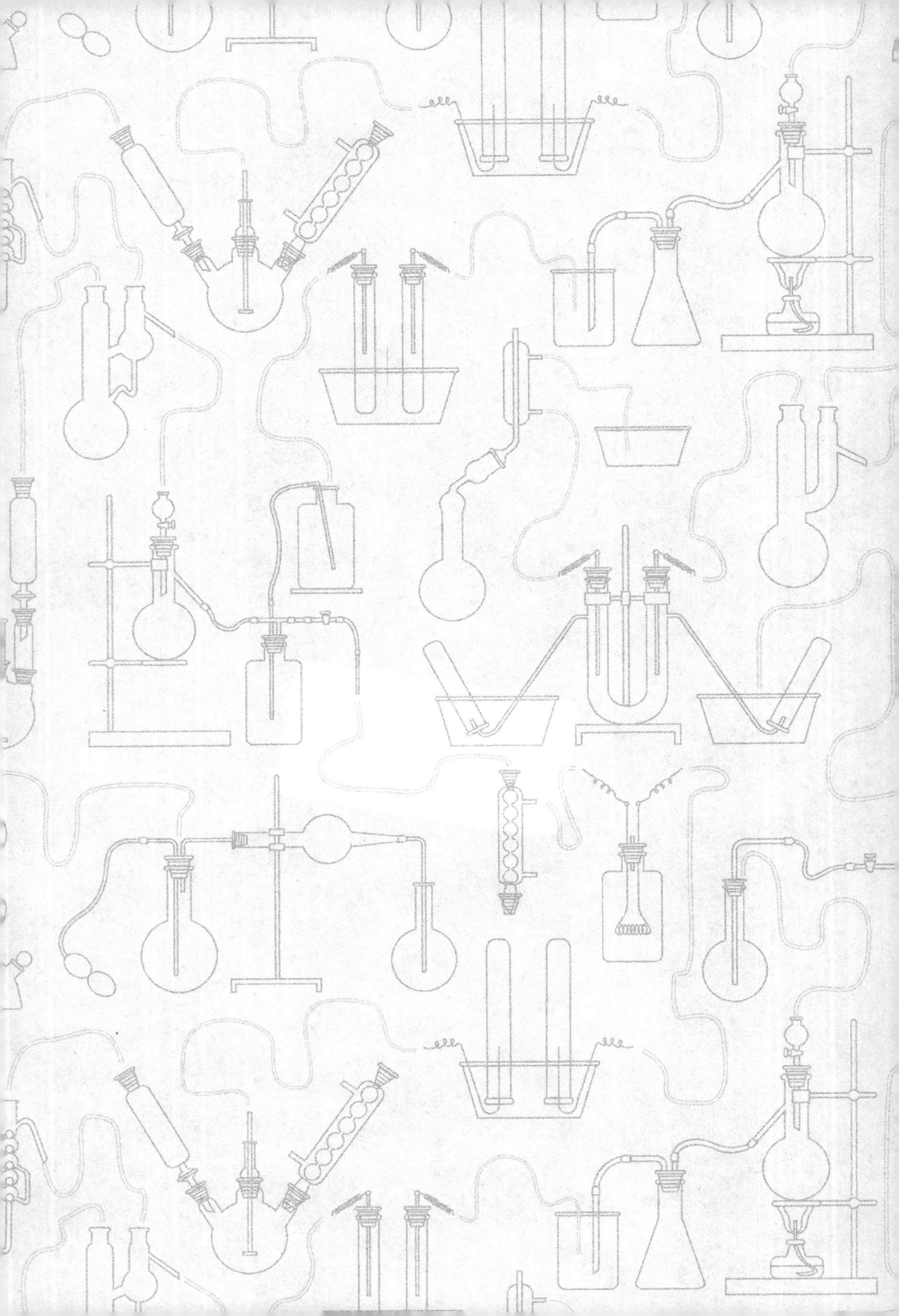

生活中的化学
刘旭峰◎主编
吴舒红◎副主编
中国纺织出版社有限公司
国家一级出版社
全国百佳图书出版单位

内 容 提 要

化学是与人类生活密切相关的一门基础学科，掌握一些基本的化学知识有助于我们更好地认知生活和改善生活。本书把生活当中常见的化学知识和问题融入空气、水、家居、家庭洗涤品、化妆品、健康、材料、能源、服饰、饰品、文娱用品等13个专题当中，以生活的视角来学习和掌握基本的化学知识，提升读者的化学学科素养和能力。

本书注重科学性和科普性，内容通俗易懂，深入浅出，既可以作为高等院校化学素质教育的通识课程教材，也可以作为大众科普读物。

图书在版编目（CIP）数据

生活中的化学 / 刘旭峰主编 . -- 北京：中国纺织出版社有限公司，2019.8（2021.12重印）

ISBN 978-7-5180-5770-2

Ⅰ. ①生… Ⅱ. ①刘… Ⅲ. ①化学—普及读物 Ⅳ. ① 06-49

中国版本图书馆 CIP 数据核字（2019）第 141862 号

责任编辑：沈 靖 责任校对：韩雪丽 责任印制：何 建

中国纺织出版社有限公司出版发行
地址：北京市朝阳区百子湾东里 A407 号楼 邮政编码：100124
销售电话：010 — 67004422 传真：010 — 87155801
http://www.c-textilep.com
E-mail：faxing@c-textilep.com
中国纺织出版社天猫旗舰店
官方微博 http://weibo.com/2119887771
北京虎彩文化传播有限公司印刷 各地新华书店经销
2019 年 8 月第 1 版 2021 年 12 月第 7 次印刷
开本：710 × 1000 1/16 印张：14.5
字数：200 千字 定价：56.00 元

前言

化学是一门历史悠久而又富有活力的学科，它与人类进步和社会发展的关系非常密切，它的成就是社会文明的重要标志。化学领域中每一次重大突破都会对人类社会产生重要的影响，给我们的生活带来巨大的变化。

在生活当中我们会遇到许许多多的化学问题，有时也需要用化学知识来认识和理解事物或现象，掌握一些基本的化学知识有助于我们更好地认知生活和改善生活。本书把生活当中常见的化学知识和问题融入空气、水、家居、家庭洗涤品、化妆品、健康、材料、能源、服饰、饰品、文娱用品等13个专题当中，读者可以从生活的视角来学习和掌握基本的化学知识，提升读者的化学学科素养和能力。

本书由刘旭峰担任主编，吴舒红担任副主编。绪论由刘旭峰编写，第一章、第二章由张丽编写，第三章由吴舒红编写，第四章、第五章由吴婷编写，第六章由陈森泉编写，第七章由刘旭峰编写，第八章由周芬编写，第九章由邓沁兰编写，第十章由任洁编写，第十一章由梁冬编写，第十二章由黄景怡编写，第十三章由彭涛编写。

本书由高校轻化工类专业教师编写，全书内容注重科学性和科普性，内容通俗易懂，深入浅出，既可以作为高等院校化学素质教育的通识课程教材，也可以作为大众科普读物。

本书在编写过程中，参阅和引用了很多参考文献和资料，在此谨向这些参考文献和资料的作者表示诚挚的谢意。

由于本书内容涉及面广，加之本人水平有限，在编写的过程中难免有不当之处，敬请各位专家和读者批评指正。

编者

2019 年 7 月

CONTENTS

目录

绪论 揭开化学神秘的面纱

“化学”一词，单从字面上可以理解为“变化的科学”，是研究物质的组成、结构、性质以及变化规律的科学。化学与人类进步和社会发展的关系非常密切，它的成就是社会文明的重要标志。化学领域的每一次重大突破都会对我们产生重要的影响，给我们的生活带来巨大的变化。在日常生活中，可以提出千万个要用化学知识才能解答的问题。比如我们生活必需的牙膏、洗洁精、肥皂、洗衣粉等用品，你知道它们的组成吗？我们每天都少不了的盐、水，你知道它们的结构吗？万物生长离不开空气，那它又是由什么组成的？能供给人类呼吸的气体到底是空气中的什么物质表现出来的性质呢？各种物质的化学性质是怎么样的？又有什么变化规律呢？所有这些问题都可以从化学中得到解答。

作为基础学科，甚至是中心学科的化学，推动了其他学科和技术的发展。比如，核酸化学的研究成果使今天的生物学从细胞水平提高到分子水平，建立了分子生物学；对各种星体的化学成分的分析，得出了元素分布的规律，发现了星际空间有简单化合物的存在，为天体演化和现代宇宙学提供了实验数据，还丰富了自然辩证法的内容。

化学发展简史

钻木取火，烧火煮饭，烧制陶器，冶炼青铜器和铁器……自从有了人类，化学便于人类结下了不解之缘。从古至今，伴随着人类社会的进步，化学历史的发展经历了哪些时期呢？

远古的工艺化学时期

这一时期人类的制陶、冶金、酿酒、染色等工艺，主要是由实践经验总结而来，化学知识还没有形成，可谓是化学的萌芽时期。

在旧石器时代，古人类只能对木、石、骨等天然材料进行加工，将其制作成器具。当古人类经过长期的观察和实践后，把黏土用水润湿，塑制成型，再经高温焙烧，使之成为胎体坚固的器具，这样便产生了陶器。陶器的出现，标志着新石器时代的开启。

陶器给人类的生活带来重大的变化，陶制的纺轮、弹子及陶刀之类的工具，也陆续在生产中发挥作用，制陶业也成为新石器时代一项重要的手工业。

炼丹术和医药化学时期

从公元前 1500 年到公元 1650 年，炼丹术士和炼金术士们，在皇宫、教堂、自己的家里、深山老林的烟熏火燎中，为求得“长生不老的仙丹”，为求得富贵的黄金，开始了最早的化学实验。

中国炼丹术的发明源于古代神话传说中“长生不老”的观念，比如后羿从西王母处得到的不死之药，嫦娥偷吃后便飞奔到月宫，成为月中仙子。炼丹术是古代道家的一种炼制丹药的技术，俗称地丹，据说食用冶炼出的仙丹可以使人体发生质的改变公元 9~10 世纪我国炼丹术传入阿拉伯，

12 世纪传入欧洲。

两千多年前，秦始皇统一六国，获得了至高无上的权利，为了能永享权利，他不断派术士寻找长生不老之法。术士徐福深知秦始皇想获得长生不老药的心理，在觐见秦始皇时说自己曾见过三座仙山，山上的神仙手中有“长生药”，人服食后可与天地同寿，并自告奋勇愿意为皇上求药。秦始皇很是开心，立马安排徐福带着大量的金银珠宝出海。但没多久，徐福就回来说神仙嫌礼薄，要童男童女和各种工具作为献礼才愿意给药。秦始皇又立马派人准备了更大的船只和 500 名童男童女让徐福带着出海求药。但徐福第二次出海仍没有带回“长生药”，还编了个借口说海上有大鱼护卫仙山，希望皇上再给一次机会。于是徐福又再次出海寻药，但从此再也没有回来，秦始皇直到死也没吃到“长生药”。

据史料介绍，唐太宗李世民 28 岁登基，在位 23 年。他做皇帝的最后几年，一反常态，既迷信占卜，又痴迷丹药，竟在 52 岁英年早逝，成为中国历史上被“长生药”毒死的第一个皇帝。

记载、总结炼丹术的书籍，在中国、阿拉伯、埃及、希腊都有不少。这一时期积累了许多物质间的化学变化，为化学的进步提供了丰富的素材。这是化学史上令我们惊叹的雄浑的一幕。后来，炼丹术、炼金术几经盛衰，使人们更多看到的是它荒唐的一面。

化学方法转而在医药和冶金方面得到了正当发挥。在欧洲文艺复兴时期，出版了一些有关化学的书籍，从而第一次有了“化学”一名词。英文 chemistry 起源于 alchemy，即炼金术。

另外，炼丹术是一种具有实验性的活动。不管炼丹家的本意如何，他们毕竟是用实验的方法探索物质间的转化关系，这样就有可能获得对其实验所用物质性质的正确理解，从而促进人类科学知识的积累。例如，炼丹家们常说的“丹砂烧之成水银”，就是对硫化汞加热生成汞和二氧化硫这一化学现象的正确表述。

炼丹术有一个非常值得一提的成就——黑火药的发明。黑火药以木炭、硝石、硫黄为制造原料，这三者的混合物能够燃烧爆炸，此现象清楚地记叙在炼丹家的著作之中。

燃素化学时期

古代神话中有普罗米修斯盗天火以救人类的故事，火对于人类生存发展的重要意义可见一斑。而人类使用火的历史也有几十万年了，火为人类的智能及体能的增长提供了必不可少的条件。但是，火如何燃烧？

在亚里士多德所提出的四元素说中，火曾作为一种元素被提出来。古印度和古代中国都有相类似的说法。在当时科学不发达的条件下，人们是难以对火进行深究的。在古代，火被看作一切事物中最积极、最活跃、最能动、最容易变化的东西。

在化学史上，人们普遍认为，贝歇尔和施塔尔共同创立了燃素说。贝歇尔是 17 世纪末德国的一位化学家，他提出燃烧是一种分解作用，动物、植物和矿物等燃烧之后，留下的灰烬都是成分更简单的物质。由此推理，不能分解的物质，尤其是单质是不会燃烧的。贝歇尔认为各种物质都是由石土、油土、汞土组成的。石土是存在于一切固体物质中的一种“固定性的土”；油土是存在于一切可燃物体中的一种“可燃性的土”；汞土是一种“流动性的土”。物质因三种成分比例不同而各有特性。贝歇尔用三种“土质”来解释物质燃烧的现象：物体在燃烧时，就会放出其中的油土部分，只剩下石土或汞土部分。贝歇尔所谓的“油土”，便相当于以后的“燃素”。

1703 年，另一位德国化学家施塔尔在总结了前人关于燃烧本质的各种观点，并对其进行甄别之后，更系统地提出了明确的燃素学说。施塔尔认为，火是一种由无数细小而活泼的微粒构成的物质实体。这种微粒可以和其他的元素结合形成化合物，同时也能够以游离的形式存在。如果大量的微粒聚焦在一起就会形成明显的火焰，这些微粒弥漫在大气之中便给人以热的感觉，由这种微粒构成的火的元素称为“燃素”。

施塔尔是这样解释燃烧现象的，他认为一切与燃烧有关的化学变化都可以归结为物体吸收燃素或放出燃素的过程。例如，煅烧金属时，燃素从中逃逸出来，变成煅渣；将煅渣与木炭共燃，则煅渣又从木炭中吸取燃素而重回到金属面目。硫黄燃烧后变成硫酸，硫酸与松节油共煮而变成硫黄，都是由于物质中的燃素得失而完成变化的。在施塔尔看来，物体中所含燃素的多少决定了该物质可燃性的大小。

那么，为什么燃烧时不可缺少空气呢？施塔尔在他的学说中解释道：这些物质在加热时，燃素并不能自动分解出来，必须由外来的空气将其中的燃素吸取出来，燃烧过程才能实现。并且还认为，上好的空气具有吸收燃素的性质。

除以上观点以外，施塔尔还用燃素说的观点解释了金属溶解于酸以及金属的置换反应，他认为前者是由于酸夺取了金属中的燃素的缘故；后者乃是由于燃素转移的结果。

施塔尔的燃素说曾统治化学界达百年之久，直至科学燃烧的学说建立之后，人们才知道它的谬误。但是，燃素说在整个化学发展中的作用却是不容忽视的，它的创立结束了炼金术对化学界的统治局面；此外，燃素说提出的100年中，即使相信它的化学家也亲身从事化学实验，因而积累了大量丰富的经验和材料。

定量化学时期

即近代化学时期。1775年前后，法国著名化学家拉瓦锡用定量化学实验阐述了燃烧的氧化学说，开创了定量化学时期。拉瓦锡还与他人合作制订出化学物种命名原则，创立了化学物种分类新体系。拉瓦锡根据化学实验的经验，提出了元素的概念并用清晰的语言阐明了质量守恒定律及它在化学中的运用。他所提出的新观念、新理论、新思想，为近代化学的发展奠定了重要的基础，因而后人称拉瓦锡为近代“化学之父”和化学科学的奠基人。

⊙ 原子 一分子论

很久以前，人们就猜测物质是由不连续的微粒组成的。古希腊的德谟克利特、伊壁鸠鲁，古罗马的卢克莱修等对原子及其重量、形状、体积都曾做出一些天才的猜想。1808年，道尔顿在他出版的《化学哲学新体系》一书中系统地阐述了他的原子学说：首先，化学元素由非常微小的物质粒子原子组成，原子在所有化学变化中均保持自己的独特性质；原子既不能被创造，又不能被消灭；其次，同一元素的所有原子的性质，特别是重量完全相同，不同元素的原子的性质及重量不同；再者，不同元素的原子以简单数目的比例相结合，形成化合物，它的质量为所含各种元素原子质量的总和。这一学说在理论上解释了一些化学基本定律和实验事实，标志着人类对物质结构的认识前进了一大步。

1808年，盖·吕萨克通过研究各种气体在化学反应中体积变化的关系，提出了著名的气体反应定律：气体物质在相互化合时，其参加反应的气体体积间，是一个简单的整数比；在化合后生成的气体体积的收缩和膨胀与参加反应的气体也有一个简单的整数比。

意大利化学家阿伏加德罗为了合理地解释道尔顿原子论与盖·吕萨克气体简比定律的矛盾统一，在1811年提出了分子假说：原子是参加化学反应的最小质点，而分子则是游离状态下单质或化合物能独立存在的最小质点；分子由原子组成，单质分子由相同元素的原子组成，化合物分子则由不同元素的若干原子组成；化学变化是指不同物质的分子间各原子的重新结合。但由于没有充分的实验证据，这一假说遭冷遇达半个世纪之久。

为了使阿伏加德罗假说与原子量测定的实验数据相一致，1860年，意大利人康尼查罗出版了《化学哲学教程提要》著作，仔细研究了新原子学说的各个阶段，应用阿伏加德罗假说来测定物质的分子量，得出结论：含有不同的分子中的同一元素量总是某种同一量的整数倍，这种同一量不能再分，这个量就是原子；为了找出每一种元素的原子量，首先必须知道所有的或大部分含有该元素的分子量和它们的组成。康尼查罗还找到了测定分子量和原子量的正确方法。康尼查罗据此牢固地树立了分子的概念，并把它看成是原子世界与宏观物体世界之间的基本结构单位，最终使原子—分子学说确立起来。

⊙ 元素周期表

元素周期表揭示了物质世界的奥秘，把一些看来似乎互不相关的元素统一起来，组成了一个完整的自然体系。

门捷列夫深入研究了元素的物理和化学性质随相对原子质量递变的关系，并把它表达成元素周期表的形式，1869 年 2 月 19 日，他终于发现了元素周期律。元素周期律表明：简单物体的性质，以及元素化合物的形式和性质，都与元素原子量的大小有周期性的关系。在门捷列夫编制的周期表中，还留有很多空格，这些空格应由尚未发现的元素来填满。门捷列夫从理论上计算出这些尚未发现的元素的最重要性质，断定它们介于邻近元素的性质之间。元素周期表建立的一百多年里，为科学的发展做出了重大贡献。

科学相互渗透时期

19 世纪下半叶，热力学等物理学理论引入化学之后，不仅理清了化学平衡和反应速率的概念，而且可以定量地判断化学反应中物质转化的方向和条件。相继建立了溶液理论、电离理论、电化学和化学动力学的理论基础。物理化学的诞生，把化学从理论上提高到一个新的水平。进入 20 世纪以后，由于受到自然科学其他学科发展的影响，并广泛地应用了当代科学的理论、技术和方法，化学在认识物质的组成、结构、合成和测试等方面都有了长足的进展，而且在理论方面取得了许多重要成果。在无机化学、分析化学、有机化学和物理化学四大分支学科的基础上产生了新的化学分支学科。

20 世纪以来，化学发展的趋势可以归纳为：由宏观向微观、由定性向定量、由稳定态向亚稳定态发展，由经验逐渐上升到理论，再用于指导设计和开创新的研究。一方面，为生产和技术部门提供尽可能多的新物质、新材料；另一方面，在与其他自然科学相互渗透的进程中不断产生新学科，并向探索生命科学和宇宙起源的方向发展。

化学能为我们做什么

未来化学在人类生存、生存质量和安全方面将以新的思路、观念和方式继续发挥核心作用。20 世纪的化学科学在保证人类衣食住行需求、提高人类生活水平和健康状态等方面起了重大作用，21 世纪人类所面临的粮食、人口、环境、资源和能源等问题更加严重，化学的作用是极为重要的。

解决食品问题

食品问题是涉及人类生存和生存质量的重大问题。以我国为例，2010 年第六次全国人口普查结果显示，我国人口已达 13.7 亿，预计到 21 世纪上半叶我国人口将达到 16 亿。我们今后的任务是既要增加食品产量保证人民的生存，又要保证食品质量以保障人民的生命财产安全，同时还要保护耕地、草原，改善农牧业的生态环境，以保持农牧业的可持续发展。化学将在设计、合成功能分子和结构材料以及从分子层次阐明和控制生物过程（如光合作用、动植物生长）的机理等方面，为研究开发高效安全肥料、饲料和肥料 / 饲料添加剂、农药、农用材料（如生物可降解的农用薄膜）等方面打下基础。除此之外，可利用化学和生物的方法增加动植物食品的防病有效成分，提供安全的有防病作用的食品和食品添加剂，改进食品储存加工方法，以减少不安全因素等。

合理开发和高效安全利用能源和资源

世界经济的现代化，得益于化石能源，如石油、天然气、煤炭与核裂变能的广泛应用。因而现代经济是建立在能源基础之上的经济。然而，由于这一经济的资源载体将在21世纪上半叶迅速地接近枯竭。同时化石燃料的燃烧释放出大量的二氧化碳产生温室效应，使得地球气候变暖，燃料化石燃烧还会放出大量氮和硫的氧化物破坏自然的生态环境。

在能源和资源合理开发和利用方面，要从两个方面进行考虑。第一，对煤炭、石油和天然气等化石能源的利用上，必须进行节约和储存，并且要研究高效洁净的转化技术和控制低品位燃料，提高能源的利用率。第二，开发新能源。新能源的开发要满足洁净、安全、经济的要求。如太阳能以及高效洁净的化学电源与燃料电池等新能源都将成为21世纪的重要能源。

继续推动材料科学发展

各种结构材料和功能材料与粮食一样永远是人类赖以生存和发展的物质基础。化学是新材料的“源泉”，任何功能材料都是以功能分子为基础的，发现具有某种功能的新型结构会引起材料科学的重大突破（如富勒烯）。未来化学不仅要设计和合成分子，而且要把这些分子组装、构筑成具有特定功能的材料。从超导体、半导体到催化剂、药物控释载体、纳米材料等都需要从分子和分子以上层次研究材料的结构。

提高人类生存质量和生存安全

在满足生存需要之后，不断提高生存质量和生存安全是人类进步的重要标志。化学可从三个方面对生存质量的提高做出贡献：① 通过研究各种物质和能的生物效应（正面的和负面的）的化学基础，特别是搞清两面性的本质，找出最佳利用方案。② 开发对环境无害的化学品和生活用品，研究对环境无害的生产方式。③ 研究大环境和小环境（如室内环境）中不利因素的产生、转化和与人体的相互作用，找到优化环境、建立洁净生活空间的途径。

健康是重要的生存质量的标志。预防疾病是21世纪医学的中心任务。化学可以从分子水平了解病理过程，提出预警生物标志物的检测方法，建议预防途径。

化学与生活的互动

人类的生活离不开衣、食、住、行。而衣、食、住、行又离不开物质。在这些物质中，有的是天然存在的，比如喝的水、呼吸的空气；有的是由天然物质改造而成的，如吃的酱油、喝的酒；更多的物质不是天然生成的，而是用化学方法合成的，如化肥、农药、塑料、合成橡胶、合成纤维等。它们形形色色、无所不在，使人类社会的物质生活更加丰富多彩。放眼四顾，在厨房、餐桌、农田、厂矿，我们都会看到各种各样的化学变化和五光十色的化学现象。可以说，生活中处处有化学。

用化学眼光去观察和认识周围事物

化学知识源自于生活，但又不完全等同于生活，我们要结合自身的生活经验和已有的认知水平，围绕问题的解决，逐步把生活知识化学化，在生活的实际情境中体验化学问题；反过来，又要把所学到的化学知识自觉地运用到各种具体的生活实际问题中，实现化学知识生活化。

比如，为什么古人“三天打鱼，两天晒网”？因为过去的渔网是用麻纤维织的，麻纤维吸水易膨胀，潮湿时易腐烂，所以渔网用上两三天后晒两天，以延长渔网的寿命。现在用不着这样做，因为现在渔网的材料一般选用尼龙（锦纶）。比如，装修得非常漂亮的高楼大厦，不到几年外墙就锈迹斑斑，这是由于酸雨导致的。再如，现在家庭很多使用天然气或液化石油气，它们为什么会有味道呢？本身甲烷、丙烷和丁烷没有气味，而是为了方便人们用嗅觉判断是否漏气，因而加入了有臭味的硫醇。

用化学知识去分析和解决实际问题

生活中我们会遇到很多问题，有些问题是用简单的化学知识就可以解决，我们学习化学要学以致用。比如，含有漂白成分或铵离子的家用洗涤剂，如果单独用于消毒、除臭或者去污，效果比较好。但是，不可把两种不同的洗涤剂混合在一起使用，因为它们混在一起会发生化学反应，产生一种叫作氯胺的有毒气体，这种辛辣的气体会灼伤人体的黏膜组织。一些加香料的漂白剂产生的香气会暂时掩盖有毒气体的气味，使我们不能很快地觉察出这种有害气体的存在。

生活中还有许许多多的其他事例：走进服装商场知道怎样鉴别“真丝”与“人造丝”，不同衣料的优缺点、洗涤和熨烫注意问题；走进珠宝店能鉴别真假金银，了解常见宝石的主要成分及如何保养；居家装修懂得如何选购绿色材料；居家饮食知道如何平衡膳食，了解食品中的防腐剂和添加剂的利与弊等。

如果我们用心去观察、思考和学习，在我们的学习、工作和生活当中，可以发现许多奇妙的化学现象。了解到这些现象的化学原理后，我们就可以利用它更好地为生活服务。

PART1 第一章 流动的气息——空气

从呱呱落地到生命的最后一刻，人都在呼吸着空气，自然界万物的生长都离不开空气。随着人类经济活动的发展，我们面临着空气污染加剧，我们怎样才能躲避空气中有害化学物质的伤害，保护自己的健康呢？本章将一起了解我们熟悉而陌生的空气。

大气污染

大气污染物分为一次污染物和二次污染物。一次污染物是指直接从污染源排放的污染物质，如二氧化硫、一氧化氮、一氧化碳、颗粒物等，它们又可分为反应物和非反应物，前者不稳定，在大气环境中常与其他物质发生化学反应，或者做催化剂促进其他污染物之间的反应，后者则不发生反应或反应速度缓慢。二次污染物是指由一次污染物在大气中经化学反应或光化学反应形成的与一次污染物的物理、化学性质完全不同的新大气污染物，其毒性比一次污染物还强。最常见的二次污染物如硫酸和硫酸盐气溶胶、硝酸和硝酸盐气溶胶、臭氧、光化学氧化剂 OX，以及许多不同寿命的活性中间物（又称自由基），如 HO_2、HO 等。

大气污染物及其危害

大气污染物根据其存在状态，也可将其分为颗粒污染物和气态污染物。

⊙ 颗粒污染物

二氧化硫。二氧化硫形成工业烟雾，高浓度时使人呼吸困难，是震惊世界的伦敦烟雾事件的元凶。二氧化硫进入大气层后，氧化为硫酸形成酸雨，对建筑、森林、湖泊、土壤危害甚大；二氧化硫亦可形成悬浮颗粒物，又称气溶胶，随着人的呼吸进入肺部，对肺产生直接损伤。

悬浮颗粒物。颗粒物上容易附着多种有害物质，有些有致癌性，有些会诱发花粉过敏症；随呼吸进入人体，可沉积于肺部，引起呼吸系统的疾病。沉积在绿色植物叶面，则会干扰植物吸收阳光和二氧化碳以及放出氧气和水分的过程，从而影响植物的健康生长；杀伤微生物，引起食物链改变，进而影响整个生态系统。

重金属微粒。重金属微粒随呼吸进入人体，铅能伤害人的神经系统，降低孩子的学习能力；镉会影响骨骼发育，对孩子极为不利。重金属微粒可被植物叶面直接吸收，也可在降落到土壤之后，被根部吸收，通过食物链进入人体。降落到河流中的重金属微粒随水流移动，或沉积于池塘、湖泊，或流入海洋，被水中生物吸收，并在体内聚积，最终随着水产品进入人体。

⊙ 气态污染物

氮氧化物。氮氧化物会刺激人的眼、鼻、喉和肺，增加病毒感染的发病率。比如：引起支气管炎和肺炎的流行性感冒，诱发肺细胞癌变；形成城市的烟雾，影响可见度；破坏树叶的组织，抑制植物生长；在空中形成硝酸小液滴，产生酸雨。

一氧化碳。一氧化碳极易与血液中运载氧的血红蛋白结合，结合速度比氧气快250倍，因此，在极低浓度时就能使人或动物遭到缺氧性伤害，轻者眩晕、头疼，重者脑细胞受到永久性损伤，甚至窒息死亡；对心脏病、贫血和呼吸道疾病的患者伤害性大；引起胎儿生长受损和智力低下。

挥发性有机化合物（VOCs）。VOCs容易在太阳光作用下产生光化学烟雾，在一定的浓度下对植物和动物有直接毒性，对人体有致癌、引发白血病的危险。

光化学氧化物。低空臭氧是一种最强的氧化剂，能够与几乎所有的生物物质产生反应，浓度很低时就能损坏橡胶、油漆、织物等材料。浓度很低时就能减缓植物生长，高浓度时杀死叶片组织，致使整个叶片枯死，最终引起植物死亡，比如高速公路沿线的树木死亡就与臭氧有关。臭氧对于动物和人类有多种伤害作用，特别是伤害眼睛和呼吸系统，加重哮喘类过敏症。

有毒微量有机污染物。有毒的有机污染物有致癌作用；有环境激素（也叫环境荷尔蒙）的作用。

有毒化学品。有毒化学品对人体、动物、植物和微生物有直接危害。

温室气体。温室气体能阻断地面的热量向外层空间发散，致使地球表面温度升高，引起气候变暖，发生大规模的洪水、风暴或干旱；增加夏季的炎热，提高心血管病在夏季的发病率和死亡率；气候变暖会促使南北两极的冰川融化，致使海平面上升，其结果是地势较低的岛屿和沿海城市被淹；气候变暖会使地球上沙漠化面积继续扩大，使全球的水和食品供应趋于紧张。

大气被污染后，由于污染物质的来源、性质和持续时间不同，被污染地区的气象条件、地理环境等因素有差别，以及人的年龄、健康状况也不同，对人体造成的危害也不尽相同。

生活中的大气污染源

大气污染物来源于燃料燃烧、工业生产、农业生产和交通运输。

工业是大气污染的一个重要来源。工业排放到大气中的污染物种类繁多，有烟尘、硫氧化物、氮氧化物、有机化合物、卤化物、碳化合物等。

家庭燃烧含硫的燃料。城乡中大量民用生活炉灶和采暖锅炉需要消耗大量煤炭，煤炭在燃烧过程中会释放大量的灰尘、二氧化硫、一氧化碳等有害物质污染大气。特别是在冬季采暖时，往往使污染地区烟雾弥漫，呛得人咳嗽。

此外，还有一些大气污染来源，如：火山喷发产生的气体；森林火灾中的浓烟；焚烧生活垃圾、农作物秸秆、废旧塑料、工业废弃物产生的烟气；吸烟的烟气；做饭时厨房里的烟气；垃圾腐烂释放出来的有害气体；工厂有毒气体的泄漏；居室装修材料（如油漆等）缓慢释放出来的有毒气体；风沙、扬尘；农业生产中使用的有毒农药；使用涂改液等化学试剂挥发的气体；复印机、打印机等电器产生的有害气体等。

汽车、火车、飞机、轮船是当代的主要运输工具，它们燃烧煤或石油产生的废气也是重要的污染物。特别是城市中的汽车，量大而集中，排放的污染物能直接侵袭人的呼吸器官，成为大城市空气的主要污染源之一。

大气污染控制和防治措施

《国民经济和社会发展第十三个五年规划纲要》（2016~2020 年）首次将加强生态文明建设（美丽中国）写入五年规划，根据规划要求，2018 年 6 月 27 日，国务院发布《打赢蓝天保卫战三年行动计划》（以下简称《三年行动计划》）。《三年行动计划》的具体目标为：到 2020 年，二氧化硫、氮氧化物排放总量分别比 2015 年下降 15% 以上；PM2.5 未达标地级及以上城市浓度比 2015 年下降 18% 以上；地级及以上城市空气质量优良天数比率达到 80%，重度及以上污染天数比率比 2015 年下降 25% 以上。采取的大气污染防治措施有：调整优化产业结构，推进产业绿色发展；加快调整能源结构，构建清洁低碳高效能源体系；积极调整运输结构，发展绿色交通体系；优化调整用地结构，推进面源污染治理；实施重大专项行动，大幅降低污染物排放；强化区域联防联控，有效应对重污染天气；健全法律法规体系，完善环境经济政策；加强基础能力建设，严格环境执法督察；明确落实各方责任，动员全社会广泛参与。

大气污染常规控制技术有洁净燃烧技术、烟气的高烟囱排放技术、颗粒污染物的净化技术、气态污染物净化技术等。

实例　车内空气污染

2004年，中国进行首次“汽车内环境污染情况调查”。调查机构针对上万辆汽车内的甲醛、苯、甲苯、二甲苯、挥发性有机物等多项指标进行了检测，结果显示，全国汽车内部环境污染超过93%以上不符合国家规定，其中新车车内的空气质量最差。特别是做过车内装饰的新车都有一股“异味”，许多车主认为：新车一般都有气味，过一段时间就好了。车主这种认识上的不到位，为自己和家人的健康埋下了隐患。

车内空气污染源

引起车内异味的原因很多，主要有四大类。

新车本身及其零部件。汽车使用的塑料和橡胶部件、织物、油漆涂料、保温材料、黏合剂等材料中含有的有机溶剂、助剂、添加剂等挥发性成分，在汽车使用过程中释放到车内环境，造成车内空气污染。污染物主要有苯、甲苯、甲醛、碳氢化合物、卤代烃等，车内材料释放的物质还是车内难闻异味的主要来源。

车内装饰，如皮革、地胶、座椅套等。这些装饰材料都会含有甲醛、苯等有害物质。再加上车里摆放的一些毛绒玩具，对车内空气质量也带来隐患。

车内香水座、空气清新剂。这样虽然能掩盖有害气体的味道，其实反而更不好，另外有些香味里面可能还含有致癌物质。

车内霉菌。这是由于用车中不小心洒落而腐烂发霉的水果、甜品、饮料都会使得车厢角、座椅、地毯等成为霉菌滋生的温床，最后会大量聚集在空调蒸发器周围阴暗潮湿的环境中。一开空调，霉味也就源源不断地冲出空调，异味更会随着气流在车厢内循环。

消除车内异味的方法

⊙ 通风散热法

购买新车后，应该及时撕掉塑料保护膜，以免影响车内座椅、部件及时排放有害气体。尽可能做到车内外空气交换，以便尽早让车内有害气体挥发释放干净。进入汽车后，应打开车窗或开启外循环通风设施，让新鲜空气进入。不要在封闭车窗、车门状况下长时间行车，更不要在封闭的车内睡觉或长时间休息。在开启空调和暖风时，使用车内外空气交流模式，尽量避免长时间使用车内自循环模式。

⊙ 竹炭（或木炭、活性炭）除味法

竹炭可吸附车内的甲醛等，效果较佳。车主可以买一些竹炭，用干净、透气性好的纱布包好，然后放到后备厢或后排座位的角落里。活性炭可吸附空气中的甲醛、甲苯、二甲苯及氨气等车内空气污染物，达到防腐、防潮、除臭、防霉、杀菌消毒的目的。要注意用竹炭去异味的方式是有时效性的，需要定期更换，因为竹炭吸附饱和后就失去吸附能力。

⊙ 清洁和清洗除味

很多车主常将一些穿戴过的鞋帽或脏抹布等长期留在车内，或者把一些食物的外包装和瓜皮果壳等放在车内的垃圾桶里，其实这些物品很容易产生霉菌，所以要定期清理车厢、后备厢、杂物箱和烟灰缸等。清洗主要

指地毯或绒布座椅面罩，遇到其粘有泥水、饮料或雨水时必须及时清洗干净，因为这类材质很难干燥，容易滋生霉菌而扩散，如果是座椅内部进水而变得潮湿，最好整个拆下来，放在太阳下晒干后再装回使用。

⊙ 用醋除异味

在不用车的时候，打一小桶清水，再加一些醋，放在车里，水可以吸附甲醛，而醋可以起到稳定甲醛的作用。同样用醋水擦车可以消除车内烟酒味，因为香烟中的尼古丁是碱性的，醋是酸性的，它们发生了酸碱反应，烟味自然就没了。

⊙ 用水果、香水除异味

在异味比较淡的时候在车里放一些菠萝、橘子、柠檬之类的水果，或者把这些水果切成片，放几片在冷气口，再开启冷气，这样做去除异味的速度更快，不久就能使车内空气清新，芳香怡人。车主也可以使用一点中性的、味道较淡的香水，既浪漫又能去味。需要注意的是，大多数车主喜欢柠檬味香水，而这类香水多数呈酸性，散发出来后聚集在空调蒸发器，而容易发霉变质，产生异味。这就是为什么在有了异味后，再使用这些香水会适得其反，加深异味的原因。然而，用水果、香水除异味本质上是用香味掩盖了异味，并没有真正消除异味，新车异味比较重，一般不建议使用这种方法。

PART2

第二章

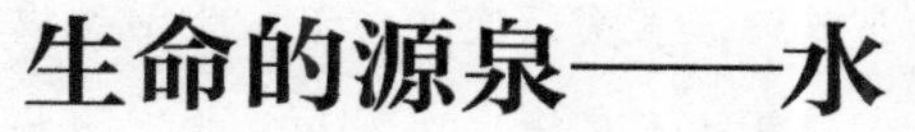

生命的源泉——水

奔流不息的黄河孕育了五千年灿烂的华夏文明，百川归海形成了大海大洋。从海洋中诞生生命开始，水就成为生命中的一部分。俗话说“人可三日无食，不可一日无水”，可见水对人的生命的重要性。随着工业化的发展，水体中掺杂了越来越多的化学成分，水资源的污染和治理情况不容忽视。面对这样的情况，我们怎样饮水才更健康呢？本章我们将一起了解一下生活中随处可见却又必不可少的水。

水体污染

当排入水体的污染物在数量上超过了该物质在水体中的本体含量和自净能力，即水体的环境容量时，就破坏了水体固有的生态系统，从而影响水体的功能及其在人类生活和生产中的作用。

水体污染物及其危害

造成水体污染的因素是多方面的，比如向水体排放未经妥善处理的城市生活污水和工业废水；化肥、农药及城市地面的污染物，被雨水冲刷，随地面径流进入水体；随大气扩散的有毒物质通过重力沉降或降水过程而进入水体等。

⊙重金属污染

重金属指比重大于4或5的金属，约有45种，如铜、铅、锌、铁、钴、镍、钒、铌、钽、钛、锰、镉、汞、钨、钼、金、银等。重金属的污染主要来源于工业污染，其次是交通污染和生活垃圾污染。工业污染大多通过废渣、废水、废气排入环境，在人和动物、植物中富集，从而对环境和人体健康造成很大的危害；交通污染主要是汽车尾气的排放，为此国家制定了一系列的管理办法，如使用乙醇汽油、安装汽车尾气净化器等；生活污染主要是一些生活垃圾的污染，如废旧电池、破碎的照明灯、没有用完的化妆品、上彩釉的碗碟等。

常见的对人有害的重金属如下。

汞。食入后直接沉入肝脏，对大脑、神经、视力破坏极大。天然水每升水中含0.01mg就会导致人中毒。

镉。导致高血压，引起心脑血管疾病；破坏骨骼和肝肾，并引起肾衰竭。

铅。铅是重金属污染中毒性较大的一种，一旦进入人体将很难排除，能直接伤害人的脑细胞，特别是胎儿的神经系统，可造成先天智力低下。

钴。对皮肤有放射性损伤。

钒。伤害人的心、肺，导致胆固醇代谢异常。

锑。与砷能使银首饰变成砖红色，对皮肤有放射性损伤。

铊。引起多发性神经炎。

锰。超量时会使人甲状腺机能亢进，也能伤害重要器官。

砷。砷是砒霜的组分之一，有剧毒，会致人迅速死亡。长期接触少量砷，会导致慢性中毒，还有致癌性。

这些重金属中任何一种都能引起人的头痛、头晕、失眠、健忘、神经错乱、关节疼痛、结石、癌症等。

⊙ 有机物污染

有机污染物如生活及食品工业污水中所含的碳水化合物、蛋白质、脂肪等。有机有毒物多属人工合成的有机物质如农药、有机含氯化合物、醛、酮、酚、多氯联苯（PCB）和芳香族氨基化合物、塑料、合成橡胶、人造纤维、染料等。微生物能够在有机物污染的废水中快速繁殖，使水中缺氧，引起有机物的发酵酸败，分解出恶臭气体，污染环境，毒害水生生物，它是水体污染最主要的方面。

⊙ 水体富营养化

富营养化是一种氮、磷等植物营养物质含量过多所引起的水质污染现象。由于人类的活动，将大量工业废水、生活污水以及农田径流中的植物营养物质排入湖泊、水库、河口、海湾等缓流水体后，水生生物特别是藻类将大量繁殖，使生物的种类数量发生改变，破坏了水体的生态平衡。大量死亡的水生生物沉积到湖底，被微生物分解，消耗大量的溶解氧，使水体溶解氧含量急剧降低，水质恶化，以致影响到鱼类的生存，大大加速了水体的富营养化过程。水体出现富营养化现象时，由于浮游生物大量繁殖，往往使水体呈现蓝色、红色、棕色、乳白色等，这种现象在江河湖泊中叫水华（水花），在海中叫赤潮。

⊙ 酸、碱、盐污染

酸主要来自矿坑废水、工厂酸洗水、硫酸厂、黏胶纤维、酸法造纸等，酸雨也是某些地区水体酸化的主要来源。碱主要来自造纸、化纤、炼油、印染等行业。酸碱污染物使水体的pH发生变化，超出了自然的缓冲容量，消灭或抑制了细菌及微生物的生长，妨碍了水体自净，使水质恶化，土壤酸化或盐碱化。

我国渔业用水水质：鱼类及饵料生物安全的pH范围为6.5~8.5。鲤科鱼的最适宜pH为弱碱性，即pH为7.5~8.5；鲑科鱼类为中性，即7左右。当水体pH超出最适范围时，鱼类就不能生存，或繁殖率下降。酸与碱如果同时进入同一水体，酸、碱会因中和作用而自净，但会产生各种盐类，又成了水体新污染物。无机盐含量的增加提高了水的渗透压，对淡水生物、植物生长都有影响。

水污染控制和防治措施

⊙ 水质指标

水质标准是用水对象（包括饮用和工业用水对象等）所要求的各项水质参数应达到的限值。可分为国际标准、国家标准、地区标准、行业标准和企业标准等不同等级。对江、河、湖泊等地面水，可根据地面水环境质量标准并按照使用功能划分为五类。

Ⅰ类水：主要适用于源头水，国家自然保护区；

Ⅱ类水：主要适用于集中式生活饮用水地表水源地一级保护区、珍稀水生生物栖息地、鱼虾类产卵场、仔稚幼鱼的梭饵场等；

Ⅲ类水：主要适用于集中式生活饮用水地表水源地二级保护区、鱼虾类越冬场、洄游通道、水产养殖区等渔业水域及游泳区；

Ⅳ类水：主要适用于一般工业用水区及人体非直接接触的娱乐用水区；

Ⅴ类水：主要适用于农业用水区及一般景观要求水域。

⊙ 水处理系统

生产、生活废水的处理往往需要将几种单元处理操作联合成一个有机整体，并合理配置其主次关系和前后顺序，才能最经济、最有效地完成任务。根据污水处理的任务不同，污水处理一般包含三级处理。

一级处理：机械处理，如格栅、沉淀或气浮，去除污水中所含的石块、砂石、铁离子、锰离子、油脂等。

二级处理：生物处理，其原理是通过生物作用，尤其是微生物作用，完成有机物的分解和生物体的合成，将有机污染物转变成无害的气体产物（CO_2）、液体产物（水）以及富含有机物的固体产物（微生物群体，或称生物污泥），多余的生物污泥在沉淀池中经沉淀池固液分离，从净化后的污水中除去。

三级处理：对水的深度处理，现在我国污水处理厂投入实际应用的并不多。它将经过二级处理的水进行脱氮、脱磷处理，用活性炭吸附法或反渗透法等去除水中的剩余污染物，并用臭氧或氯消毒杀灭细菌和病毒，然后将处理水送入中水道，作为冲洗厕所、喷洒街道、浇灌绿化带、工业用水、防火等水源。

⊙ 水处理技术

污水处理的方法很多，按照污染物去除的原理和方法不同可分为物理处理法、化学处理法和生物处理法。

物理处理法是通过物理作用分离和去除废水中不溶解的呈悬浮状态的污染物（包括油膜、油珠）的方法。处理过程中，污染物的化学性质不发生变化。常用的方法有：①重力分离法，其处理单元有沉淀、上浮（气浮）等，使用的处理设备是沉淀池、沉砂池、废水处理池、气浮池及其附属装置等。②离心分离法，其本身是一种处理单元，使用设备有离心分离机、水旋分离器等。③筛滤截留法，有栅筛截留和过滤两种处理单元，前者使用格栅、筛网，后者使用砂滤池、微孔滤机等。此外，还有废水蒸发处理法、废水气液交换处理法、废水高梯度磁分离处理法、废水吸附处理法等。物理处理法的优点：设备大都较简单，操作方便，分离效果良好。

化学处理法是通过向污水中投放某种化学物质，利用化学反应和传质作用来分离、去除废水中呈溶解、胶体状态的污染物或将其转化为无害物质的废水处理法。以投加药剂产生化学反应为基础的处理单元有混凝、中和、氧化还原等；以传质作用为基础的处理单元有萃取、汽提、吹脱、吸附、离子交换以及电渗吸和反渗透等。

生物处理法是利用微生物的代谢作用除去废水中有机污染物的一种方法。可分为好氧生物处理法和厌氧生物处理法。

⊙ 水污染防治措施

水环境保护事关人民群众切身利益，事关全面建成小康社会，事关实现中华民族伟大复兴中国梦。2015 年 4 月 2 日国务院印发《水污染防治行动计划》，共计十条，简称“水十条”。

第一条，全面控制污染物排放。

第二条，推动经济结构转型升级。

第三条，着力节约保护水资源。

第四条，强化科技支撑。

第五条，充分发挥市场机制作用。

第六条，严格环境执法监管。

第七条，切实加强水环境管理。

第八条，全力保障水生态环境安全。

第九条，明确和落实各方责任。建立全国水污染防治工作协作机制。

第十条，强化公众参与和社会监督。

实例　科学饮水

婴儿出生后，水占人体重量的 90%；长到成人时，水的比例缩减到 70%；到年老时大约会降到 50%。可以说人的一生几乎都活在水的状态中。水对人体有四大主要功能：构成人体的体液、促进新陈代谢、调节体温和起润滑作用。水在人体中主要是担当“运输大队长”的职责，通过它，把人体摄入的营养物质送给五脏六腑和全身细胞，同时又可以把人体内分泌系统排出的垃圾和毒素输送到各相应器官并使之排出体外。

在日常生活中，健康的成年人每天平均要喝 2.2L 水。俗话说：“人能三日无食，不可一日无水”。据生理学研究，一般人不吃食物，大约可存活 4 周，但如果滴水不进，在常温下只能忍受 3 天左右，若在炎热的夏季，恐怕一天也难。“水是生命之源”，是每个人都会讲的口头禅，但真正懂得其含义的人不多；“水是生命的根本”，也是每个人都耳熟能详的常识，但真正能领悟水对生命、健康的重要性的人，也不多。无怪乎有人称水是“被遗忘的营养素。”

中国营养协会公布的新膳食宝塔中，水作为七大营养之一，在营养膳食宝塔中占有重要的位置。专家们认为，在新膳食宝塔中最大的亮点就在于强调科学饮水、足量饮水的重要性，强调饮水与健康的关系，这是一个与国际健康观念接轨的表现。

生活饮用水的种类

⊙ 自来水

自来水是通过自来水处理厂净化、消毒后生产的符合《国家生活饮用水相关卫生标准》的供生活、生产使用的水。

我们有时清晨一早用水时会发现自来水发黄，这主要是由两种原因造成的。一种是清晨水龙头初开，造成管内自来水流速骤然变大，将管壁的铁锈带下来所致；另一种是水管内水体中铁、锰低价离子被余氯氧化成高价离子所致。发生这种情形，通常只要放掉一些水即可。有时会闻到自来水有消毒水味，这是因为自来水是用有效氯来消毒的，这对人体健康并无影响，但不建议直接用自来水养鱼，如果使用，则应事先放置1～2天。养鱼户可在水中添加适量的硫代硫酸钠（俗称海波）去除余氯。

⊙ 矿泉水

矿泉水是从地下深处自然涌出的或经人工开采的、未受污染的地下矿水。矿泉水含有一定量的矿物盐、微量元素或二氧化碳气体，在通常情况下矿泉水的化学成分、流量、水温等动态在天然波动范围内相对稳定。按矿泉水特征组分达到的国家标准可把矿泉水分为九大类：①偏硅酸矿泉水；②锶矿泉水；③锌矿泉水；④锂矿泉水；⑤硒矿泉水；⑥溴矿泉水；⑦碘矿泉水；⑧碳酸矿泉水；⑨盐类矿泉水。要注意的是：矿泉水中的元素含量基本是针对成年人标准来设计的，其含量和比例对婴儿摄入来说有点高，尤其是某些元素还对婴儿有害，因此，尽量不要给婴幼儿饮用矿泉水。

矿泉水中的微量元素含量比较单一，并不能为人体提供全面、均衡的矿物质。长期饮用矿泉水，会导致某些元素过量，致使微量元素代谢失调，增加肾脏负担，易产生肾结石、尿结石和胆结石。

⊙ 纯净水

纯净水是指其水质清纯，不含任何有害物质和细菌即不含有机污染物、无机盐、任何添加剂和各类杂质，从而有效地避免了各类病菌入侵人体，其优点是能有效安全地给人体补充水分，具有很强的溶解度，因此，与人体细胞亲和力很强，有促进新陈代谢的作用。纯净水从净化的角度来说它比自来水、矿泉水都干净，但如果把它作为一种长期饮用水的话，对人体健康是没有好处的。过滤纯净水的反渗透膜虽然去除了水中的细菌杂质，但同时也把水中对人体有益的微量元素过滤掉了，长期饮用会导人体的微量元素缺乏，引起少年、儿童发育不良，以及引起老年人的各种微量元素缺乏症。

⊙ 直饮水

直饮水是现有自来水或达到生活饮用水标准的水经过深度处理后，再通过优质管材送至用户，成为可直接饮用的优质水。管道直饮水在去除有害物质的同时，保留了人体所需要的微量元素，可供各年龄阶段人长期饮用。因此，管道直饮水是高档次的生活饮用水，而不属于饮料范畴的纯净水（纯水、太空水）、蒸馏水和矿泉水之类。管道直饮水与目前市面桶装饮用水比较，其优点在于卫生、方便、随开随用，24 小时循环供水，水质新鲜，口感好，价格只是桶装水的 1/2~1/3。

健康饮水

水是营养素，食以饮为先。水之于身体，就好像氧气般重要。要喝水就要喝有利于健康的水，同时还要养成良好的饮水习惯。

喝水要多喝开水，不要喝生水和未煮开的水。烧开水时，最好等水开后继续煮3~5分钟，这样不仅可以使水中的细菌和寄生虫被杀死，还可以使水中的氯气、卤代烃等有毒物质大量蒸发，减少对人体的危害。

喝白开水的水温以25~30℃为宜，即凉开水。水温温度不宜过高或过低。水温太低会引起肠胃不适，过高可致口腔、咽部、食管及胃的黏膜烫伤而引起充血和炎症等，长期发炎可能成为癌变的诱因。

喝到鲜的开水。饮用长时间储存的水、在炉上沸腾很长时间的水对人体的健康不利。

一口一口慢慢喝水。很多人在口渴饮水时大口吞咽，这种做法是不对的。喝水太快太急会无形中把很多空气一起吞咽下去，容易引起打嗝或是腹胀，因此，最好先将水含在口中，再缓缓喝下，尤其是肠胃虚弱的人，喝水更应该一口一口慢慢喝。

睡醒后多喝水。因为睡前喝太多水，会造成眼皮浮肿，半夜也会老跑厕所，使睡眠质量不高。而经过一个晚上的睡眠，人体流失的水分约有450mL，早上起来需要及时补充，因此，早上起床后空腹喝杯水有益于血液循环，也能促使大脑清醒，使一天的思维清晰敏捷。

发烧感冒时一定要喝水。应及时以补充因体温上升而流失的水分。

喝水应该以白天和晚上都要平均为原则。不要在很短时间内连续喝太多水，有些人在热天干渴得难受，或在运动、劳作出汗之后，一口气来个“牛饮”，甚觉痛快，这是一种错误的饮水方法。这是因为人在大量出汗后，不仅流失了水分，也流失了不少盐分，如果大量饮水而不补充盐分，血液中的盐分就会减少，吸水能力随之降低，水分就会很快被吸收到组织细胞内，使细胞水肿，造成“水中毒”。这时，人就会觉得头晕、眼花、口渴，严重的还会突然昏倒。

第三章 幸福的港湾——家居

安居乐业一直是幸福生活的标志之一，舒适温馨的家庭是每个人的向往和追求。要把自己的小家装修好、布置好、使用好，就需要懂得一些有关于家居的化学知识，比如装修污染中除了甲醛，还有哪些化学物质会产生危害呢？请跟我们一起来了解和学习这些知识，让我们的家变得更健康和温馨。

我国室内环境污染的基本现状

随着社会发展和人们生活方式的改变，人们往往误以为随着现代化居住条件的不断改善，家居环境污染已不成问题。事实上，据中国室内环境监测中心数据显示，由建筑、装修装饰、家具造成的家居环境污染，已成为剥夺人们身心健康的一大杀手。美国已将室内环境污染归为危害人类健康的五大环境因素之一。世界卫生组织 2011 年 9 月发布的《室内空气污染与健康》文章中显示：全球 4% 的疾病与室内空气质量相关，包括慢性呼吸道疾病、肺炎、肺癌等。

室内环境污染的特征

室内环境污染是由于室内环境引入能够释放对人体有害的污染源或室内环境通风不佳而造成室内空气中有害物质的种类或数量不断累积增长，并对人体健康产生损害的过程。室内环境污染与室外环境污染由于所处环境的差别，其污染物来源、种类、危害程度等不同，其特征也有所不同，室内环境污染具备以下特征。

累积性。由于室内环境是相对封闭的，从污染物进入室内导致浓度升高，到排出室外浓度渐趋于零，大都需要经过较长的时间。同时，室内的各种物品，包括建筑装饰材料、家具、地毯、办公用品、家用电器等释放有害物质的过程也是日积月累的过程，如不采取有效措施，它们将在室内逐渐累积，导致污染物浓度增大，构成对人体的危害。

长期性。一方面，由于人们工作生活大部分时间处于室内，即使浓度很低的污染物，在长期作用于人体后，也会对人体健康产生不利影响。另一方面，室内环境污染源的释放是一个日积月累的过程，例如，室内装饰材料所使用的胶黏剂是以甲醛为主要成分的脲醛树脂，而板材中残留的未参加反应的甲醛会逐渐从板材的空隙中释放出来，室内板材中甲醛的释放期为 3~15 年。

有的室内污染物在短期内就可对人体产生极大的伤害，而有的则潜伏期很长，比如放射性污染，潜伏期可达几十年之久。

多样性。室内环境污染的多样性体现为两个方面：一是污染物种类的多样性，二是室内污染物来源的多样性。

室内空气中存在的污染物有生物性污染物（如细菌等），化学性污染物（如甲醛、氨、苯、甲苯、一氧化碳、二氧化碳、氮氧化物、二氧化硫等），以及放射性污染物（如氡及其子体），种类多种多样。

从室内污染物来源来看，有建筑物自身的污染，室内装饰装修材料及家具材料的污染，家电、办公设备的污染，厨房、卫生间、浴室的污染，同时，人本身也是一个大污染源。

室内环境污染的种类

⊙ 化学污染

主要包括从装修材料、家具、日用品、化妆品、香烟、厨房的油烟、玩具、煤气热水器等地方释放或排放出来的无机污染物及有机污染物。

化学性污染又可分成两大类：①总挥发性有机化合物（TVOC）污染，如醛、苯、醇、酮、烃、烷类化合物等。②无机化合物污染，如氨、一氧化碳、二氧化碳、臭氧等。

人们日常使用的家庭日用品，如消毒剂、干洗剂、香水、洗涤剂、蚊香等，均可产生二氧化碳、四氯化碳、甲苯、二甲苯等有毒物质；人们普遍使用的很多家用电器，如冰箱、计算机、电视等，也可产生四氯化碳、四氯乙烯、乙苯、苯等有毒物质；人类使用的化妆品、纸张、纺织品中也可能含有有害物质。

⊙ 放射性污染

主要是建筑装饰材料产生的放射性污染等，如来自从混凝土中释放出来的氡气及其衰变子体；花岗岩石材、部分洁具、地板等释放的放射性物质。

⊙ 物理性污染

主要是物理因素，如来自室外及室内的各类电器设备产生的辐射、噪声、振动，以及不合适的温度、湿度、风速和照明等引起的污染及石棉污染等。

⊙ 生物污染

主要指由于室内清洁工作没有做好，以及在湿度较大而通风较差的情况下，卫生死角处在适当的温度和湿度下产生一些微生物。主要包括两类：①细菌、真菌性孢子花粉、藻类植物呼吸放出的二氧化碳；②人为活动、烹饪、吸烟产生的有害气体或者宠物、人体的代谢产物如皮屑、分泌物、排泄物等。

人本身就是一个重要污染源。人体新陈代谢过程中排出的气体，人体皮肤、器官及不洁衣物散发出来的不良气味成为异臭污染的来源；由于人们的生产和生活活动，使得空气中可存在某些微生物，包括一些病原微生物在内，并通过空气引起疾病的传播；室内空气特别在通风不良、人员拥挤的环境中，有较多的微生物存在；室内种植的一些观赏性植物会产生植物纤维、花粉及孢子等，可使过敏人员发生哮喘、皮疹等；宠物的皮屑以及一些细菌、病毒等微生物散布在空气中，成为传播疾病的媒介；此外，因空调机内储水且温度适宜，也会成为某些细菌、霉菌、病毒的繁殖温床。

实例一　家居装修

在普遍装修装饰美化家居的同时，许多潜藏的健康“杀手”也在不知不觉中被引入，直接影响人们的生活质量，危害人们的身心健康。我国十分重视建筑和装饰材料引发的室内环境污染问题，为防止并有效地控制建筑和装饰材料对室内环境的污染以及对居住者健康的危害，国家发布了 GB/T 18883—2002《室内空气质量标准》《室内装饰装修材料污染有害物质限量》10 项标准和 2006 年 6 月 1 日实施的 GB/T 50378—2014《绿色建筑评价标准》,《民用建筑室内环境污染控制规范》以及十余种《室内装饰材料中有害物质限量》，不但有利于加强我国对民用建筑工程室内环境污染的检测控制，更进一步提高了消费者的室内环境保护意识。

家居装修过程中产生的主要污染源及其危害

⊙ 甲醛

甲醛是一种无色易溶的刺激性气体，对人的鼻子、眼睛和口腔黏膜有刺激作用。室内空气中的甲醛最主要的来源是居室内的建筑材料、装修物品及生活用品等。凡是有用到黏合剂的地方总会有甲醛气体的释放，目前市场上的各种刨花板、中密度纤维板、胶合板、家具、墙面、地面中均使用以甲醛为主要成分的脲醛树脂作为黏合剂；用脲醛树脂制成的脲－甲醛泡沫树脂隔热材料也会释放甲醛。此外，甲醛还可来自化妆品、清洁剂、杀虫剂、消毒剂、防腐剂、印刷油墨、纸张等，因此，从总体上说室内环境中甲醛的来源很广泛，此处特别提出了不同建筑工程的不同室内环境污染的分类及室内环境污染浓度限量，见表 3-1。

表 3-1　不同建筑工程游离甲醛浓度限量

控制污染物	I 类民用建筑工程	II 类民用建筑工程
游离甲醛	≤ 0.08mg/ m^3	≤ 0.10mg/ m^3
建筑工程性质及用途	住宅、医院、老年建筑、幼儿园、学校教室等	办公室、购物中心、旅游、文化娱乐场所，书店、图书馆、展览馆、体育馆、公共交通等候室、餐厅、理发店等

还有很少的甲醛是室外的工业废气、汽车尾气、光化学烟雾等排放或产生，这部分气体有可能进入室内，但是这一部分含量很少。据有关报道显示，城市空气中甲醛的年平均浓度是 0.005~0.01mg/m^3，一般不超过 0.03mg/m^3（表 3-2）。

表 3-2　不同浓度甲醛对健康的影响（单位：mg/m^3，20℃）

甲醛浓度	对健康的影响	甲醛浓度	对健康的影响
<0.05	无症状	0.1~25	上呼吸道刺激
0.005~1	嗅觉刺激	5~30	下呼吸道刺激
0.05~1.5	神经生理效应	50~100	肺炎、肺水肿
0.01~2	眼部刺激	>100	死亡

⊙ 苯、甲苯和二甲苯

苯。室内环境中苯的来源主要是燃烧烟草的烟雾、溶剂、油漆、染色剂、黏合剂、墙纸、地毯和清洁剂等。工业上常把苯、甲苯、二甲苯统称为三苯，在这三种物质中以苯的毒性最大。

甲苯。甲苯主要来源于一些溶剂、洗涤剂、墙纸、黏合剂、油漆等，在室内环境中吸烟产生的甲苯量是十分可观的。据美国EPA统计数据显示，无过滤嘴香烟，主流烟中甲苯含量是100~200μg，侧/主流烟甲苯浓度比值为1.3。

甲苯进入体内以后，约有48%在体内被代谢，经肝脏、脑、肺和肾最后排出体外，在这个过程中会对神经系统产生危害。实验证明，当血液中甲苯浓度达到1250mg/m^3时，接触者的短期记忆能力、注意力持久性以及感觉运动速度均显著降低。

二甲苯。二甲苯来源于溶剂、杀虫剂、聚酯纤维、胶带、黏合剂、墙纸、油漆、湿处理影印机、压板制成品和地毯等。二甲苯可经呼吸道、皮肤及消化道吸收，经呼吸道进入人体，有部分仍经呼吸道排出。吸收的二甲苯在体内分布以脂肪组织和肾上腺中最多，依次为骨髓、脑、血液、肾和肝。

⊙ 总挥发性有机化合物（TVOC）

挥发性有机化合物（VOC）有时也用总挥发性有机化合物（TVOC）表示。VOC是指室温下饱和蒸气压超过133.32Pa的有机化合物，其沸点在50~250°C，在常温下可以蒸气的形式存在于空气中，它的毒性、刺激性、致癌性和特殊的气味，会影响皮肤和黏膜，对人体产生急性损害。VOC的主要成分有：烃类、卤代烃、氧烃和氮烃，它包括苯系物、有机氯化物、氟利昂系列、有机酮、胺、醇、醚、酯、酸和石油烃化合物等。

在室内，VOC主要来自燃煤和天然气等燃烧产物、吸烟、采暖和烹调等的烟雾，建筑和装饰材料、家具、家用电器、清洁剂和人体本身的排放等。在装饰材料中，VOC主要来自油漆、涂料和胶黏剂。一般油漆中VOC含量在0.4~1.0mg/m^3。由于VOC具有强挥发性，一般情况下，油漆施工后10小时内，可挥发出90%，而溶剂中的VOC则在油漆风干过程中只释放总量的25%。室内VOC浓度在0.16~0.3mg/m^3时，对人体健康基本无害，但在装修中往往要超过这一范围，特别是不当的装修。

⊙ 氡气

氡气是无色无味的气体，能溶于水和一些有机溶剂，是自然界唯一具有放射性的气体。氡气易扩散，在体温条件下极易进入人体组织。氡气是由岩石及土壤中的铀、镭等放射性元素衰变产物，主要存在于天然石材、瓷砖和水泥中，如某些花岗岩装饰板。世界卫生组织国际辐射防护委员会、联合国原子能辐射效应科学委员会等国际学术团体一致公认，长期在氡气浓度高的环境中生活，会导致肺癌发病率提高，以及其他病症的发生。氡气是世界卫生组织公布的A类主要环境致癌物质之一；国际癌症研究机构将氡列为1类致癌因素。现代流行病学资料表明，氡气是仅次于吸烟的第二大导致肺癌的原因，由氡气引起的肺癌占肺癌总发病率的10%。影响室内氡气含量的因素除污染源的释放量以外，室内环境的密闭程度、空气交换率、大气压、室内外温差等都是重要的影响因素。

⊙ 氨气

氨气是一种无色而具有强烈刺激性臭味的气体，比空气轻。主要来源于建筑施工中使用的混凝土外加剂，室内装饰材料的添加剂和增白剂。长期接触氨气，部分人可能会出现皮肤色素沉积或手指溃疡等症状；氨气被呼入肺后容易通过肺泡进入血液，与血红蛋白结合，破坏运氧功能。短期内吸入大量氨气后可出现流泪、咽痛、声音嘶哑、咳嗽、痰带血丝、胸闷、呼吸困难，可伴有头晕、头痛、恶心、呕吐、乏力等症状，严重者可发生肺水肿、成人呼吸窘迫综合征，同时可能发生呼吸道刺激症状。

各种污染对人体的主要危害和主要来源见表3-3。

表3-3 各种污染对人体的危害

名称	特性	主要危害	主要来源
甲醛	透明无色，有刺激性气体	可引起恶心、呕吐、咳嗽、胸闷、哮喘甚至肺气肿；长期接触低剂量甲醛，可引起慢性呼吸道疾病、女性月经紊乱、妊娠综合症、引起新生儿体质降低、染色体异常，引起少年儿童智力下降；引起人类的鼻咽癌、鼻腔癌和鼻窦癌；损伤人的造血功能，可引发白血病	夹板、大芯板、中密度板等人造板材及其制造的家具，塑料纸、地毯、油漆、涂料、胶黏剂等大量使用黏合剂的环节

续表

名称	特性	主要危害	主要来源
苯系物（苯、甲苯、二甲苯）	室内挥发性有机物，无色有特殊芳香气味	轻度中毒会造成嗜睡、头痛、头晕、恶心、胸部紧束感等，并可有轻度黏膜刺激症状。重度中毒会出现视物模糊、呼吸浅而快、心律不齐、抽搐或昏迷。长期接触可引发各种癌症，特别是白血病	合成纤维、油漆及各种油漆涂料的添加剂和稀释剂、各种溶剂型塑胶剂、防水材料
TVOC	TVOC 多指沸点在 50~250℃的化合物，共包括 300 多种化合物	当 TVOC 浓度为 3.0 ~ 25mg/m³ 时，会产生刺激和不适，可能会出现头痛等症状。当 TVOC 浓度大于 25mg/m³ 时，可能会出现神经毒性作用。常见症状有：眼睛不适、浑身赤热、干燥、头痛等症状	建筑材料、装饰材料、纺织材料、生活及办公用品等

家庭装修污染的误区

⊙ 用空气清新剂把异味掩盖住即可

空气清新剂和香水等只能对污染物的异味起掩盖的作用，实际上原有的有害污染物还存在于室内中，继续影响和危害着身体的健康，同时劣质的空气清新剂还是会成为室内空气污染的新来源，加重污染的程度。

⊙ 只重视甲醛，不重视其他有害气体

国家颁布的 GB 18883—2002《室内空气质量标准》中，明文规定了几种必须检测的有毒、有害气体，如苯、甲醛、氨、TVOC 等，其中苯、TVOC 等都是已确定的高致癌物质。实际上若从污染物的毒理危害性来说后两者更为严重，更不容忽视。

⊙ 凭气味来判断是否有污染

仅凭气味来判断是什么污染是不准确的，也就是说有气味不一定有污染，而有污染的不一定能闻到气味。在装修后的房间里，如果你能闻到明显的甲醛或是苯的气味，这时室内空气污染程度已十分严重。

⊙ 先装修、后治理

不少家庭在装修前事先不考虑有毒有害气体的污染问题，等装修后再想办法治理，这是不科学的。其一，含有毒有害气体的材料在室内散发

气体的时间为3~15年，有时并不是通过一次、二次治理就能解决的；其二，到目前为止，还没有一套十分有效的快速彻底的治理办法。因此，最好的方案是在装修前就提出室内环境质量指标，并在选材、用材时严格把关，以保证装修后的室内环境污染程度降到最轻的程度。

⊙ 全都使用合格的材料就不会有污染

这种想法表面上行得通，但实际上却不是这样。所谓合格材料是指有毒有害物质的含量在国家规定标准以下，但并不代表完全没有有毒物质，所以在施工时除了要注意选择合格材料之外，还要考虑在一定的空间内，同一种材料的使用量，如果在一间房内大量使用同一种材料，由于累加效应，也可能导致室内空气质量不符合要求，乃至严重超标。

⊙ 既然不能彻底治理，就干脆不治理

有人认为，既然不能彻底治理，就干脆不去管它，反正有毒有害的东西是避免不了的。虽然装修后再进行污染治理不是彻底解决的方法，但是一种有效的补救手段，把已造成的室内污染危害程度减轻是可行的。要充分认识到室内污染治理是一个长期的复杂的系统过程，应选择可长期、持续、全面、安全的净化空气污染物的方法。

⊙ 侥幸心理

因为人的体质、抵抗力、适应性各不同，不是所有的人在同一恶劣的环境下都会发病，所以造成了部分人会抱着侥幸心理，但现实往往是客观的，也有资料表明很多的病例和装修有关。俗话说："不怕一万，就怕万一"，我们本想营造一个美丽、舒适的家，一旦因装修不关注环境质量，温馨的生活空间没建成，相反弄成了"毒气室"，那就得不偿失了。

环保装修、健康起居

⊙ 层层把关保健康

一般而言，要想获得满意的家装效果，您最少要过五关。

家居设计关。装修设计时，保持居室通风是首要的，所以尽量不增多隔断，保持房间内的空气流动和对外通风。天花吊顶，无疑会占用空间，降低房高，减少室内空气容量。在设计上还应注意不要选择单一的材料，如地面材料的选择上，不要全用复合地板或石材。由于目前居室的空间承载量有限，如果大面积使用同一种材料，空气中就会有某一有害气体超标。如果全用复合地板，房间的甲醛含量会超标，而全用地砖，又会造成氡超标，最好的办法是几种地材掺着使用。

色彩不仅是装饰居室的主要手段，也是保证健康的重要因素。而过于深的颜色，更容易让人感到压抑，大面积的镜面在强烈的阳光下会产生"光污染"，对人的视力有损害，而且会让人感到烦躁不安。

材料使用关。在进行家装设计时，一定明确掌握所用材料单位面积的释放数据，然后再根据房间大小来选用材料。

除了注意主要装修材料外，也不要忽视对黏合剂、细木工板等辅料的把关，因为这也是空气污染的大户。另外，目前建材市场鱼目混珠，一些不合格的产品也披着"绿色"或"环保"的外衣，选购时一定要保持高度警惕，谨防受骗。

施工技巧关。在施工上，一定要用正确的工艺施工。如墙面的处理方法，为了墙面不起皮、不裂缝，现在许多家装公司用清漆兑稀料来代替107胶，但无论是清漆还是稀料都含有苯和二甲苯，会造成苯的严重超标。更何况，在墙面的最后处理上，还要坯腻子，这样会把苯封在墙里，并慢慢渗透到墙体里，这种有害气体很难在短时间内散发出去。不要在房间中做太多的木工活，装修设计风格尽量简单一些。

人员素质关。中国环境监测中心公布的统计数据显示，中国每年因建筑涂料（主要是苯）引起的急性中毒约400起，1.5万余人中毒，而在这些案例中，绝大部分都是因为施工人员无知或是马虎造成的。中国的装修工人大多是以传统的师傅带徒弟的方式培养出来的，很多人缺乏必要的专业培训，缺乏最基本的科学常识，所以，装修时应尽量选择有规模、信誉好的装修公司。

空气检测关。新居装修好后，千万不要急于入住。因为除了甲醛、苯等少量污染物是有气味的，大部分的污染物是无色无味的，因此，最后一关——空气检测关也是必不可少的。根据国家有关装修和室内空气质量的标准，甲醛、苯、TVOC、氨、氡五项污染物被列为国家建筑工程验收的强制检测项目。因此，室内装饰装修工程竣工后，必须对室内空气中五项污染物质进行检测，符合标准后才能交付使用。

⊙ 细节入手少污染

如前面所述，居室内空气污染具有长期性的特点，并不是一时半会就能够解决的，特别是对于已经使用不合理材料装修过的房子，重新装修是不切实际的，在这种情况下我们需借日常生活中的一些细节，尽量减少和减免室内空气的污染。

通风换气。不管居室内是否有人，应尽可能地多通风。一方面，新鲜空气的稀释作用可以将室内的污染物冲淡，有利于室内污染物的释放排除；另一方面，有助于装修材料中有毒有害气体释放出来。当然，每天开窗通风要选择合适的时间，一般在早晨10点以后，分早、中、晚通风各20分钟。根据居室的污染程度，可选择不同的通风方式。但要注意，家中有老人的时候，不适宜长时间通风，防止由此诱发的疾病；如遇室外空气污染很严重时，也不要开窗通风。

保持一定室内的湿度和温度。室内湿度和温度过高，污染物从装修材料中散发得就更快；湿度过高还有利于细菌等微生物的繁殖，形成新的污染物。但是如果居室内无人，比如外出旅游时就可以采取一些措施提高湿度。

适量使用杀虫剂、除臭剂和熏香剂。这些物质对室内害虫和异味有一定的正面作用，但其副作用同样明显。特别是在使用湿式喷雾剂时，产生的喷雾状颗粒可以吸附大量的有害物质进入人体，其危害比用干式的严重得多。另外，现在市场上的香熏油质量参差不齐，好的香熏油，像一些纯度高的植物精油，有益健康，并有抗病毒、驱虫、抗氧化等作用。但质量低劣的香熏油会对人体眼睛、呼吸道产生刺激，或引发过敏症。在密闭环境中，含有化学香精的污染空气进入人体，极易造成身体缺氧疲劳、过敏等症状，所以一定要适当使用，尤其孕妇要慎用。

植物消除异味。若有选择地给新居摆放一些植物，对净化空气更有帮助，而且更安全。首选是吊兰，一盆吊兰在8~10m^{2}的房间就相当于一个空气净化器，即使未经装修的房间，养一盆吊兰对人的健康也很有利。其次是芦荟，芦荟有一定的吸收异味作用，且还有居室美化的效果，作用时间长。再次是仙人掌，大部分植物都是在白天吸收二氧化碳释放氧气，在夜间则相反。仙人掌、虎皮兰、景天、芦荟和吊兰等都是一直吸收二氧化碳释放氧气。还有平安树，平安树也叫“肉桂”，目前，市面上比较流行的平安树和樟树等大型植物，它们自身能释放出一种清新的气体，让人精神愉悦。

实例二　家用电器辐射与人体健康

随着经济发展、科技进步和人民生活水平的提高，形形色色的家用电器走进千家万户，它们无疑为我们带来了现代化气息，也给我们的工作生活带来了方便和无尽的情趣。与此同时，家用电器所带来的辐射问题也越来越引起人们的注意。电磁辐射已被世界卫生组织列为继水源、大气和噪声之后的第四大环境污染源，成为危害人类健康的又一隐形“杀手”，防护电磁辐射已成为人们保卫健康的一项重要内容。

家居环境中电磁辐射源包括广播电视发射塔、人造卫星通信系统的地面站、各种雷达系统的雷达站、高空低频电磁辐射系统的高压输电线路和变电站、利用电磁场的各种高频设备（高淬火机、高频焊接机、高频烘干机，高频和微波理疗机）等。城市中的移动基站、调频广播和电视发射天线都是城市环境中电磁辐射主要污染源。这种电磁污染源对城市居民的健康影响较为普遍。

电磁辐射对健康的影响

电磁辐射长时间充斥在生活空间中，对人体健康具有潜在的危害，具体如下。

⊙ 对心血管系统的影响

导致植物性神经功能紊乱和心血管系统的畸变，临床表现为心动性心律不齐，血沉下降、血压升高、心博血量不足等，装有心脏起搏器的病人处于高电磁辐射的环境中，心脏起搏器的工作会受影响。

⊙对视觉系统的影响

眼睛属于人体对电磁辐射的敏感器官。电磁辐射危害眼球晶体状和视网膜，表现为眼涩，眼球晶体状出现水肿、混浊，眼球温度升高，造成视力下降、引起白内障等。

⊙对生殖系统的影响

电磁辐射对男性生殖系统的不利影响表现为性功能下降，男子精子质量降低，阳痿早泄；对女性生殖系统的不利影响表现为加剧女性卵巢衰老，月经紊乱，增加乳腺癌发病率。

⊙对免疫系统的影响

长期处于高电磁辐射的环境中可造成人体的免疫功能和代谢功能下降，导致白细胞原或红细胞减少；严重的还会诱发癌症，并会加速人体的癌细胞增殖。医学研究证明，长期处于高电磁辐射的环境中，会使血液、淋巴液和细胞原生质发生变化，诱发基因突变。

值得注意的是，电磁辐射对人体的影响是缓慢和无形的，对身体的损害因积累而产生，因此，它的危害不容易被人们所察觉。

家用电器电磁辐射的防护

早在 1972 年，联合国人类环境会议就将电磁辐射列入环境保护重点项目，电磁污染也被列为公害。对于家庭而言，只要对电磁辐射的危害引起足够的重视，合理选择与使用家用电器，对我们的伤害就会是有限的和可以预防的。

日常生活中对人体有影响的电磁辐射主要有工频辐射和射频辐射两种。

⊙工频辐射是指输变电线路及用电设备在周围空间产生的频率极低的辐射，频率一般在50Hz（赫兹）或60Hz；如果辐射在0.4μT（微特斯拉）以上属于较强辐射，对人体有一定危害，长期接触易患白血病；如果辐射在0.4μT以下，相对安全。家居环境中存在工频辐射的有计算机、电视机、空调、电磁炉、抽油烟机、电热毯、电冰箱、电烤箱、照明电器、打印机、扫描机、复印机、吸尘器等现代化的家电电器。

⊙射频辐射一般是指频率在1000Hz以上的电磁波，手机、电视塔、通信基站都产生射频磁场。当环境中微波强度大于5mW/cm^{2}时，即不允许工作。

⊙ 常用家用电器的辐射

手机。手机已成为信息时代人人离不开的通信工具，手机通话是通过高频（30~2000MHz）电磁波将电信号发射出去的。如果所使用手机的微波超过国家规定的微波卫生标准，就会对人体产生危害。

在待机情况下，手机的辐射值为0，在呼叫的过程中，手机辐射瞬间达到301μW/cm^2，约合3μT，远远大于0.2μT的安全值。另外，在打电话的过程中手机近距离贴到头部，长时间通话影响更大，建议用户使用耳机接听。睡觉时不要将手机放置在枕头下。

无线路由器。其辐射是通过电磁波的形式向外扩散的能量。无线路由器设计的辐射值属于安全区内，但也不排除因为路由器的不正常使用或因使用时间过长或质量问题而造成其数值的变化。

电磁炉。电磁炉是直接利用电磁辐射对锅具进行加热的，所以它的热效率最高也最节省能源。电磁炉在运作的时候，距离40cm以内都超出了0.2μT的安全辐射标准，其中离电磁炉10cm辐射为20μT左右，高出标准100倍，但是随着距离的拉远，电磁辐射迅速衰减，在40cm处已经符合安全标准，也就是说消费者在使用电磁炉的时候，一定要保持半米以上的距离。

微波炉。根据微波炉的工作原理，微波泄漏只可能发生在门体周围，而且微波辐射随距离的增大衰减很快。微波炉在运行时，距离正门0~65cm的辐射数值急剧减小，距离正门70cm处辐射值已经为零，所以消费者在使用微波炉的时候，尽量站在微波炉1m之外。

台式计算机。在距离计算机屏幕10cm处辐射值为零，贴近屏幕为0.20μT左右，基本符合安全标准，所以液晶屏幕的辐射可以忽略不计。在距离机箱20cm处辐射值为零，不过贴近机箱辐射值达10μT，远远高出了辐射标准，所以在日常使用的时候，要远离机箱至少20cm。

手提式计算机。在笔记本边缘辐射为1.6μT，辐射量符合安全标准。在笔记本键盘上方辐射值迅速攀升到13.96μT，贴近液晶显示屏辐射值达到14.61μT，贴近笔记本的侧边辐射值为5.60μT，辐射值虽然超过了安全标准，但是只要我们在使用笔记本的时候保持20cm以上的距离，就不会有辐射的危害。

饮水机。饮水机虽然是家中不起眼的小家电，不过它的辐射不能忽视。在饮水机保温或者加热的过程中，饮水机的辐射从零上升至0.03μT，辐射完全在安全范围内。但是如果饮水机有制冷功能，当制冷压缩机运行的时候，辐射会达到18μT左右，这时一定要与饮水机保持半米以上的距离。

电动剃须刀。电动剃须刀对于男士来说，几乎是不可缺少的电器，很少人知道当打开剃须刀开关时，其辐射值瞬间达到19.59μT，远超微波炉、电磁炉等电器，而剃须刀必须贴近面部使用，辐射更直接，所以要尽量减少剃须刀的使用次数和使用时间，这样才能最大程度上减小辐射伤害。

电热毯。电热毯虽然很方便，但是在运行时也会产生很大的辐射。当打开电热毯时，辐射值为17μT左右，这样的辐射值也远远超过了0.2μT的安全范围。电热毯贴身使用时间长了，会引起身体疲乏无力、四肢酸痛等症状。孕妇长期接触短波会导致胎儿先天素质较差，甚至出现缺陷或痴呆。因此，在使用时，正确的方法是在预热后将电源断开再入睡，孕妇用电热毯时更应谨慎。

⊙ 电磁辐射防护原则及建议

一般情况下，人只要不故意长时间暴露在有强电磁辐射的环境下，就不必太担忧，过量的辐射才会对身体造成伤害，大部分人所吸收的辐射基本都符合健康标准。

要和辐射源保持距离。家中的电器辐射是一种复合的电磁波，虽然科学没有明确证实影响人体健康，但也可通过保持适当距离来降低风险。看电视时人与电视机最好保持至少 2m 的距离；使用手机通话时最好使用长线耳机；要购买正规公司生产的电子产品，并注意产品检测报告中的辐射数据是否符合国家安全标准。

别让电器扎堆。不要把家用电器摆放得过于集中或经常一起使用，特别是电视、计算机、电冰箱不宜集中摆放在卧室里，以免使自己暴露在超剂量辐射的危险中。

保持良好的室内环境。保持舒适的温度、清洁的空气、合适的阴离子浓度和臭氧浓度等。因为水是吸收电磁波的最好介质，可在计算机的周边多放几瓶水。不过，必须是塑料瓶和玻璃瓶的才行，绝对不能用金属杯盛水。

减少待机。当电器暂停使用时，最好不让它们长时间处于待机状态，比如手机、计算机和电视。因为此时可产生较微弱的电磁场，长时间也会产生辐射积累。

及时洗脸洗手。计算机荧光屏表面存在着大量静电，其聚集的灰尘可转射到脸部和手部皮肤裸露处，时间久了，易发生斑疹、色素沉着，严重者甚至会引起皮肤病变等，因此，在使用后应及时洗脸洗手。

有针对性地补充营养。计算机操作者应多吃些胡萝卜、白菜、豆芽、豆腐、红枣、橘子以及牛奶、鸡蛋、动物肝脏、瘦肉等食物，以补充人体内维生素 A 和蛋白质。还可多饮茶水，茶叶中的茶多酚等活性物质有利于吸收与抵抗放射性物质。

接手机时等一等。手机在接通瞬间及充电时通话，释放的电磁辐射最大，因此，最好在手机响过一两秒后接听电话，充电时则不要接听电话。

实例三　创建温馨健康家居环境

随着经济的发展、人民生活水平的提高，在改善居住条件时，大家比较习惯于考虑住房的位置、环境、交通是否方便，住房大小、实用功能和美观。与此同时人们也越来越认识到室内微环境对人体健康的重要性。因此，“健康家居”的新概念凸显健康的重要性，亦即构筑温馨家居应将健康放在首位。

调节室内微小气候

居室是人们生活的主要场所，室内微小气候和人体对其的适应程度决定了人体的健康状况。这里的室内微小气候，包括空气的温度、湿度、流速和采光。如果在空气污浊、高温、高湿和空气流动性差的环境中，人的精神状态和健康就会受到很大的影响。通常室内微小气候既受室外气候的影响，又与人体体温调节关系密切。根据不同季节的特点，对室内微小气候进行调节，不仅能保持人体正常的热平衡和主观的舒适感，还能确保人体健康和工作效率。同时，也有利于污染物（如人造板材中甲醛）的释放和排出。

⊙ 空气温度

微小气候中最重要的因素是空气温度。人体在新陈代谢和生活过程中，要不断与室内外环境进行热交换。由于人体对温度较为敏感，而生理调节极为有限，如果体温调节系统长期处于紧张工作状态，会影响人的神经、消化、呼吸和循环等多系统的稳定，降低抵抗力，增高患病率。

人体最舒适温度为20~28°C，空气温度在25°C左右时，脑力劳动的工作效率最高；低于18°C或高于28°C，工作效率急剧下降。如以25°C时的工作效率为100%，则35°C时只有50%，10°C时只有30%。室温在冬夏两季相差较大，在湿度、气流都正常的情况下，夏季居室的适宜温度为21~30°C，24~26°C为最理想的温度；冬季居室的适宜温度为16~20°C，16~18°C为最理想的温度。综合气温、湿度和气流三种室内气象要素，可给出一个人体感到舒适的"感觉温度"范围在17~22°C。

⊙ 空气湿度

空气湿度低于30%，人会感到咽喉干燥；湿度高于80%，使人感到沉闷；湿度在24%~70%，人体温度容易维持。最宜人的室内湿度与温度相关联：冬天温度为18~25°C，湿度为30%~80%；夏天温度为23~28°C，湿度为30%~60%。在此范围内感到舒适的人占95%以上。在装有空调的室内，以室温为19~24°C、湿度为40%~50%时最感舒适。

室内湿度过高，不仅影响人的舒适感，还有利于室内环境中细菌和其他微生物的生长繁殖，加剧室内微生物的污染，这些微生物可通过呼吸进入人体，导致呼吸系统或消化系统等疾病的发生。

⊙ 空气流速

室内空气的流动对人体有着不同的影响。夏季空气流动可以促进人体散热，冬季空气流动会使人体感到寒冷。一般认为气流速度以保持在0.1~0.5m/s为适宜。气流速度的波动使人很不舒服。当室内空气流动性较低时，室内环境中的空气得不到有效的通风换气，各种有害化学物质不能及时排到室外，造成室内空气质量恶化。而且，由于室内气流小，人们在室内生活中所排出的各种微生物相对聚集于空气中或在某些角落大量增生，也会致使室内空气质量进一步恶化。同时，因为室内环境得不到有效通风，还可增高在室内生活的婴幼儿和老年人等高危人群各种疾病的发病率。同样风速过大，也会有害健康。实验表明：一套80m^3的住房在室内外温差为20°C时，开窗9min，就能把室内空气交换一遍。温差为15°C

时，则需12min。交通要道换气时间应选在上午10时和下午3时左右，以避开污染高峰。

⊙ 房间采光

日照对改善室内微小气候有很大作用。合理采光并充分利用阳光，不仅可增加室内亮度，更可净化空气，居室每天至少受日照2小时以上，以得到良好的采光和利用太阳辐射杀灭室内致病菌。

为了保证良好采光，除房间的窗、门（阳台）等采光口与住室地面间的距离要有一定比例外，应保持窗户清洁，尽量开窗让阳光直射，因为隔一层玻璃，细菌死亡时间要延长3~5倍。

搞好室内采光，不仅靠窗子，墙壁和天花板的洁白度也很有关系，洁白的墙可以反光，提高室内的明亮度；白天不要挂窗帘，而且最好把窗帘分成两部分挂在窗户的两侧，应尽可能拆除纱窗，因为纱窗可挡20%~30%的光，更不要用透明塑料布及纸张糊窗户，因为它们的透光率比玻璃低20%~40%。为了充分杀菌，床铺应放在居室中接受阳光的最佳位置。

保持家的干净整洁

细节决定成败，注重细节才会有温馨的家。

⊙ 保持家的干净卫生

每天拖一次地或扫一次地；洗完碗后，清洁好厨房，再顺手擦擦桌椅板凳；按照科学的方法正确使用化妆品、空气清洁剂、杀虫剂，减少有害物质对室内的污染；经常开门、开窗，利用空气流通来净化室内空气；隔一段时间对房间床底、卫生间和厨房的死角位置进行一次彻底清洁；天气好、阳光充足的时候晾晒一下被褥和厚重衣物。

⊙ 保持家的整洁有序

室内家具、家用电器的放置合理，将书桌、办公用具及家具调整和装配得适合人的需要，这样既能保持房间的整洁，又能获得较好的工作或休息效率；善于利用衣柜空间和厨房储物空间，把物品按使用频率分类，用得最少的摆在角落，用得最多的放在触手可及的地方。

居室绿化

⊙ 居室绿化的作用

室内摆放几盆花草，不仅美化环境，还可以净化空气，调整室内微气候。在绿化较好的室内，起生态作用的花木还可以调整温度、湿度以及调节人的生理作用。干燥季节，绿化较好的室内，其湿度比一般室内湿度约高20%；在梅雨季节，由于植物具有吸湿性，使室内湿度低一些。另外，植物还具有良好的吸音作用，靠近门窗布置的花草能有效地阻隔室外的噪声。

此外，室内合理绿化对人体健康还有以下一些作用。

舒缓压力，调节神经。花卉的幽雅可以调节人的情绪，花卉的芳香通过人的嗅觉，可以调整中枢神经，改善大脑功能。

增加室内负离子的浓度，有利于身心健康。空气里的负离子对神经衰弱、高血压、心脏病等能起到间接治疗的作用，还可使思维活动的灵敏性得到加强。

净化空气，减少尘埃。绿色植物被称为“都市之肺”，因为一片叶子上有成千上万的纤毛，能截留空气中的灰尘粒子，植物叶面有无数的气孔，这些气孔可以吸收空气中的二氧化硫、二氧化碳、氟、氯等气体。如：芦荟、菊花等，可以减少居室内苯的污染；仙人掌可吸收醛、乙醚及计算机辐射；雏菊、万年青等，可以有效消除三氟乙烯的污染；月季、蔷薇等，可吸收硫化氢、苯、苯酚、乙醚等有害气体。室内养虎尾兰等叶片硕大的观叶花草植物，能吸收80%以上的多种有害气体，堪称室内的“防毒能手”；吊兰、文竹更被亲切地誉为居室中的“净化器”。

吸收热辐射。在阳台放置大型植物，或庭院中栽植树木可吸收太阳辐射，有效降低室内温度。

⊙ 居室绿化植物的选择

选择植物时首先要考虑哪些植物能够在你的居家环境中找到生存空间，如适宜的光照、温湿度、通风条件等；其次要考虑你能为植物付出的劳动度有多大，如果你是早出晚归公务繁忙的人，要栽种一盆需要精心照料的植物，其结果必然使人大失所望。

以耐阴植物为主。居室内一般是封闭的空间，其光照度有限，因此，选择的植物最好以耐阴观叶植物或半阴性植物为主，东西向居室早晚有较强的阳光，因此，可栽培文竹、万年青等植物；北面居室，则有稳定的弱光，则可栽培棕竹、虎尾兰等植物。

选择生命力较强的植物。一般都市的上班族，无很多空暇时间可照顾植物，因此，常春藤、黄金葛、万年青、仙人掌、虎耳草等均为合适的植物。

保持恰当栽种比例。栽种的植物与居室内空间的高度及宽度需成比例，过大过小都会影响美感。一般来说，居室内绿化面积最多不得超过居室面积的10%，这样室内才有一种扩大感，否则会使人觉得压抑，而且栽种过度密集的植物亦会使室内光度降低，产生令人不快的阴暗感。

合理搭配植物。栽种绿化植物时宜考虑居住空间的环境与气氛来，且单纯雅致较花哨炫目的植物更能让人久看不厌。比如：不要将植物与复杂的花色壁纸配置在一起，配上素面的背景，更能凸显优雅的树型；蔓生花卉不宜做桌面栽植而适宜悬吊式栽种；西式家具宜配剑兰、玫瑰等开朗型花卉，而中式家具则适宜搭配典雅的盆景、翠竹、苍松等植物，配置协调会反映出直接的园艺效果，使其更加清新，更加赏心悦目。

此外，植物的千姿百态给人以不同的印象与感受。比如：蕨类植物的羽状叶给人亲切感；苏铁树刚硬多刺的茎干，使人避而远之；绿竹的造型有坚韧不拔的格调；兰花有居静芳香、高风脱俗的性格。选择植物时应注意植物的气质需与主人的性格和居室内气氛相互协调。

色彩要与室内环境相衬。选择室内植物的色彩时，应考虑栽种环境的背景色彩，在色彩学上常有的手法，有对比配色、类似配色及同色配色等方法，一般来说，植物与背景色的搭配最好使用对比配色的手法，例如：背景为亮色调或浅色调，选择植物时应以深沉的观叶植物或鲜丽的花卉为好，这样方能凸显居住空间的立体感。

警惕植物的二次污染。植物通过光合作用吸收二氧化碳，释放氧气，同时自身也进行呼吸作用，释放出二氧化碳，大多数植物在夜间和白天光照强度不够时停止光合作用，这时不但不能为居室增加氧气，反而增加了二氧化碳的含量，虽然这种浓度的二氧化碳对人的健康不足以构成威胁，很是如果长期生活在这种环境中，对健康会有不利影响。因此，狭小、通风较差的室内摆放花草不宜过多，或者应在晚上把它移到室外，并保持室内空气流通。大型观叶植物不要放在卧室内，以免与人争氧气。

有些植物的根、茎、叶、花朵或气味具有毒性。比如：夜来香夜间排出气味会使高血压、心脏病患者感到郁闷；含羞草有羞碱，经常接触引起毛发脱落；郁金香的花朵含有一种毒碱，如果与之接触过久，会使人的毛发脱落速度加快；若与紫荆花所散发出的花粉接触过久，会诱发哮喘病或使咳嗽症加重；黄色杜鹃的花内含有毒素，人误食会中毒，白色杜鹃的花瓣中含有四环二萜类毒素，极易使人中毒，症状为呕吐、呼吸困难、四肢麻木等；松柏类的树木所散发出的芳香气对人的肠胃有刺激作用，如闻之过久，不仅会影响人们的食欲，而且会使孕妇感到心烦意乱，恶心欲吐，头晕目眩；一品红的白色乳汁对皮肤有很强的刺激作用，可引起红肿等过敏反应，误食则会中毒，甚至丧命。像这样的花卉还有夹竹桃、石蒜、万年青、珊瑚豆、仙人掌等；秋海棠、美人蕉、野茉莉、水仙鳞茎等观赏植物也含有毒素。如水仙花，家庭栽培一般没有问题，但必须注意不可弄破它的鳞茎，因为其中含有拉丁可毒素，人误食了，会引起呕吐、肠炎等病症，叶和花的汁液可使皮肤红肿，若汁液误入眼中，会使眼睛受害，因此，一定要防止小孩掰弄、误嚼；仙人掌、龙舌兰的浆液可能引起接触性皮炎，不要随意用它玩耍；风信子、报春花的花粉可致过敏，过敏体质的人尤其要避免接触，将其拒之门外。

第四章 家庭卫生的保障——家庭洗涤品

我们每天都会用到洗衣粉或洗衣液来洗衣物，用餐具洗涤剂来洗锅碗瓢盆，也会用到香皂、牙膏、沐浴露等来清洁身体的各个部位。这些家庭用的洗涤用品便利了我们的生活，提高了生活质量，但其中的化学成分纷杂繁多，如何使用它们才更安全、便捷和有效呢？本章我们将一同进入裨益共存的家用洗涤用品世界。家庭洗涤用品按其洗涤对象的不同可以分为衣物洗涤用品、家庭日用清洁剂和个人卫生清洁剂三大类（表 4-1）。

表 4-1　家庭洗涤用品分类

分类	品种举例
衣物洗涤用品	液体洗涤剂、柔顺剂、漂白剂等
家庭日用清洁剂	厨房用洗涤剂、卫浴用洗涤剂等
个人卫生洗涤剂	香皂、沐浴液、洗手液、洗面奶、口腔清洁用品、洗发香波等

衣物洗涤用品

衣用液体洗涤剂包括一般洗涤剂、干洗剂、织物柔顺剂、各种面料洗涤剂，如棉、麻、丝、毛、化纤及各种混纺织物专用洗涤剂。衣用洗涤剂中洗衣粉属重垢型洗涤剂；丝绸、毛、麻等面料多用轻垢型洗涤剂，以液体为主。

加酶洗涤剂的危害及防护

20世纪60年代初，丹麦、法国的洗涤剂公司发现了枯草杆菌产生的丝氨酸蛋白分解酶。随着加酶洗涤剂生产的发展，逐渐发现从事加酶洗涤剂生产的工人出现皮肤刺激、过敏、职业性哮喘等不良反应。生产工人接触酶尘并产生过敏反应的主要途径是经过呼吸道吸入，洗涤剂中的表面活性剂可以降低细胞膜的张力，使肺泡通透性增加，增加对酶的吸收，反复接触后产生过敏反应。由于酶直接刺激皮肤中的真皮组织，会引起皮肤粗糙、皲裂、瘙痒、红肿等刺激反应。因此，使用过程中一定要注意慢慢倾倒洗涤剂，防止液滴溅入眼中或吸入大量飞尘，造成刺激损伤。

衣用液体洗涤剂大多数为轻垢洗涤剂，但若进行手工洗涤，长时间洗涤或使用太浓的洗涤剂会把手上的皮脂过度洗脱，容易造成皮肤粗糙、皲裂，对已有皮肤疾患者，往往会加重病情。应该在洗涤时佩戴手套，或直接接触洗涤剂后用水冲洗干净皮肤，减少皮肤上的残留，并涂抹护肤霜。

一些预去斑剂，如双氧水、漂白消毒剂，使用时释放活性氧，氧化性很强，如果皮肤直接接触原液，会引起皮肤灼伤。因此，在去除局部污垢斑点时应用棉花沾去斑剂，不要用手直接接触。一些强酸、强碱也会造成皮肤化学性损伤，操作时要戴防护手套，发生意外时要及时用水大量冲洗。

干洗剂的危害及防护

日常生活中，人们往往将大衣、西装等较为高档的衣物送去干洗。人们在享受便利的同时，往往忽视了其中潜在的隐患。因为干洗用的干洗剂，会对人体产生各种各样的危害。

干洗剂的主要成分是四氯乙烯，易挥发，有类似乙醚的气味，具有较强的溶解能力，能去除衣物上的油垢，同时又不会使衣物产生明显的皱缩和变形。但是，由于干洗本身不可能确保所洗物上的四氯乙烯全部蒸发干净，衣物上或多或少会有残留，这样就会给健康造成不同程度的损害。

相对而言，从业人员的健康所受影响最为突出，主要表现为吸入超过安全标准规定的四氯乙烯而导致的神经系统损害。据报告，人体吸入四氯乙烯后，不仅可使中枢神经系统功能明显减弱，还可导致其他功能不可逆转的伤害。此外，儿童对干洗剂非常敏感，而干洗剂对男性性功能的影响也已得到证实。

幸运的是只要采取适当的措施，它的危害完全可以消除。

合理选择干洗或水洗。尽量避免将贴身衣物、床单、被套等进行干洗。从健康的角度考虑，这些衣物用舒适透气的棉制品制作，即可直接水洗。如上述物品进行干洗过，拿回家先通风 12 小时。

干洗的衣服通风凉置。四氯乙烯易挥发，在通风良好的条件下，可以在短时间内挥发。所以，将干洗后的衣物拿回家后，不要立即放入橱内，应先在通风良好的阳台等处晾置 12~24 小时。有研究表明，晾置 12 小时以上，衣物上残留的四氯乙烯可降至痕量。

注意由于四氯乙烯等挥发而对室内空气的污染。在晾置后，这些衣物无须与其他衣物分开放置，但必须定期开橱通风。

柔顺剂的危害及防护

衣物柔顺剂的适用范围主要是需要蓬松柔软的衣物，如羊毛衫、羊绒衫、毛毯、毛巾被、浴巾以及一些内衣等。有时为了使家居氛围更加温馨，家庭中的一些纺织品如窗帘、沙发套等也会使用柔软剂处理。

然而，加拿大《自然生活》杂志撰文指出，衣物柔顺剂含有多种有毒化学成分，长期使用会造成头晕、头痛、器官受损，更严重时，还可能损伤中枢神经系统。

根据美国环境保护署（EPA）和化学品安全说明书（MSDS）的数据显示，衣物柔顺剂中含有多种危险化学成分，包括乙酸苄酯、苯甲醇、柠檬烯、沉香醇、氯仿等。乙酸苄酯可能导致胰腺癌，其气体可刺激眼睛和呼吸道，引起咳嗽，并能透过皮肤吸收；苯甲醇可刺激上呼吸道，造成中枢神经系统紊乱，并引起头痛、恶心、呕吐和血压下降等症状；柠檬烯是一种已知的致癌物，刺激眼睛和皮肤；沉香醇有麻醉作用，能造成中枢神经系统失调以及呼吸不畅，在动物试验中，甚至能导致试验对象死亡；氯仿是一种毒害神经的麻醉性、致癌性物质，已被美国环境保护署列入危险废物名单。

对于儿童、老人和病人来说，长期接触这些化学成分尤其危险，甚至会造成永久性损伤。儿童可能会起皮疹或腹泻。

餐具洗涤剂

厨房洗涤剂在家庭日用清洁剂中非常重要，主要用于洗涤各种餐具、厨具、灶具、水果、蔬菜等。良好的厨房洗涤剂必须具备的功能有：①能有效去除油脂类及油烟类污垢；②洗涤餐具、蔬菜类的洗涤剂应具有一定杀菌、消毒、去除残留农药、微生物、虫卵等作用；③必须保证对人体的安全，对皮肤刺激性小，即使残留在餐具和蔬菜水果上，也不会影响人体健康；④洗涤蔬菜、水果、餐具时应该容易被洗掉。残留于蔬菜、水果上的洗涤剂既不能影响其原味，同时也不能损伤其外观；⑤去污性能好，洗涤过程中不损害用具，不影响陶瓷、玻璃、金属制品的表面。

餐具洗涤剂的选购

国家对餐具洗涤剂产品质量实施了严格的卫生规定。比如，餐具洗涤剂中不得使用一般洗涤剂常用的增白剂、酶制剂；其中的细菌含量应控制在符合卫生标准的范围内；内含的铅、砷、汞等有毒有害物质不得超过有关规定；用于洗涤蔬果时不应影响其色香味，不能破坏其营养成分；对餐具应无腐蚀作用等。因此，符合国家质量检验标准的餐具洗涤剂，安全系数是比较高的。

认清质量认证标志。为确保产品的质量，消费者选购该类产品时，首先应看清楚它有无国家有关质量认证的标志。餐具洗涤剂在产品包装和商标上应有明确的符合国家标准 GB/T9985—2000《手洗餐具用洗涤剂》的说明，并注明其实际用途。

检查标签信息。正规企业生产的餐具洗涤剂用品包装整齐、明确，特别是标签（或标贴）商标图案印刷清晰，无脱墨现象。标签（或瓶身）应有生产许可证号、卫生许可证号和生产日期。另外，正规厂家也会一一标明使用说明、执行标准、净含量、厂址、保质期等。

从感官上加以判断。合格的产品应该无异味、黏度适中、无分层、无悬浮物。餐具洗涤剂并非越稠越好，餐具洗涤剂去污力与黏度无必然联系。

餐具洗涤剂的存放要求

餐具洗涤剂存放时要求避光，常温保存。阳光照射会导致包装受损坏，如变色、变形等，且由于阳光照射导致温度升高，加快产品氧化速度。北方地区应注意餐具洗涤剂的防冻问题，低温时可能出现浑浊现象，若变浑后没有异味，可以继续使用。

正确使用餐具洗涤剂

餐具洗涤剂对食物油脂有较好的去除能力，但对皮肤有一定损伤，故每次接触时间一般不宜超过 40 分钟，用完后以清水冲洗干净，并涂上护手霜，以防皮肤老化。皮肤表面有破损时，不宜使用餐具洗涤剂。

用餐具洗涤剂洗餐具、食物要尽可能用清水冲净。一般不油腻的餐具，不必用餐具洗涤剂，水果、蔬菜一般少用餐具洗涤剂，必须使用餐具洗涤剂时，应先将餐具洗涤剂稀释后再使用，并注意多冲几次。

餐具洗涤剂洗涤餐具时，主要有两种洗涤方式：①浸泡洗涤时，将餐具洗涤剂用水稀释成 200~500 倍（洗涤浓度以 0.2% 至 0.5% 为宜），浸泡时间以 2~5 分钟为宜，用海绵或抹布擦洗后，用流动清水冲洗干净。②餐具洗涤剂直接倒在海绵或抹布上，沾取少量水后擦洗餐具（注意戴上橡胶手套），再用流动清水冲洗干净。建议采用第二种洗涤方式，该方法洗涤浓度高，洗涤效果较好，即使对于较重的油垢来说，也能较好地洗净。

以洗蔬果为例，一般步骤是，先用清水冲洗掉蔬果表面的污物，再加入餐具洗涤剂浸泡 5~10 分钟。注意加入餐具洗涤剂的量不可过多（浓度一般在 0.2% 左右为宜，或遵照餐具洗涤剂的使用说明），以免冲洗不彻底，造成残留。浸泡时间也不宜过长，以免餐具洗涤剂过多地渗入蔬果，导致内含的维生素流失，营养价值下降。浸泡完毕后，要用流水冲洗 2~3 次，再对蔬果进行摘、切等处理。

餐具洗涤剂还能洗什么

餐具洗涤剂主要是针对餐具、果蔬等而设计，此外也可以清洗厨房的一些器具（如炊具等），许多金属、搪瓷、陶瓷、塑料一类的用具都可以使用。餐具洗涤剂也可以洗涤衣服的局部部位（如较脏的衬衫领口等），但纺织品不是餐具洗涤剂的洗涤对象，因为餐具洗涤剂中加入了一定量的氧化剂用以消毒，对某些纺织品就会产生负面影响，可能会出现咬色、变色甚至破损，所以除去一些白色棉、麻面料和化学纤维纺织品外，不宜用餐具洗涤剂来洗涤衣物。

餐具洗涤剂的新认识

残留量微不足道。餐具洗涤剂浓度一般只有 15%~20%，经冲水稀释后为 0.1%~0.15%。如根据漂洗 1 次来检测残留表面活性剂的量进行估算，每只盘子上沾有表面活性剂约为 0.0009mg。若以每人每天需使用 20 只盘子计，那么每天每人摄取量为 0.018mg；若经过多次漂洗，摄取量更微不足道。因此，餐具上的残留量可以认定是安全的，消费者可放心使用。如果担心的话，不要一次大量使用，也不要长时间浸泡。

餐具洗涤剂没有超浓缩的说法。按照国家相关标准的规定，根据表面活性剂的含量，一般将洗涤剂分为普通型和浓缩型，活性剂含量大于等于 15% 就是普通型，活性剂含量大于等于 25% 的餐具洗涤剂为浓缩型。

个人护理清洁剂

个人护理清洁剂可以清洁皮肤，并滋润皮肤，使皮肤光滑、细嫩。按洗涤用品的形态，可将皮肤、头发洗涤用品分类为块状、粉状、膏状（洗发膏）、透明液体状、乳状、浆状，沐浴液、洗发香波均为液体洗涤剂。液体洗涤剂使用方便，受到大众欢迎。

个人护理清洁剂主要是去除附着在皮肤表面上的各种污垢，如汗垢、皮屑、微生物、细菌和臭味，以及生活工作时沾染的外界环境污染物。个人护理清洁剂根据洗涤部位不同，除香皂外，可分为沐浴液、洗手液、洗面奶、洗发香波、口腔清洁用品等。

香皂

在洗涤用品市场中，香皂作为传统的洗涤用品占有很大的比例，香皂历史悠久，由于它采用天然油脂类为原料，刺激性很小，毒性极低，对人体使用安全，而且易降解，对环境污染小。

⊙ 香皂中常见的有害物质

香皂的品种繁多，成分也很复杂，主要是各种脂肪酸盐，加上一些碱性物质、抗氧化剂、杀菌剂、香料、着色剂、钙皂分散剂和富脂剂。尽管制造香皂时要求使用的原料对人体无害、毒性低，但是由于管理规范程度或原料优劣不同等，加之使用者的个体差异，也可能对使用者造成不同伤害。

比如，制皂过程中使用大量的烧碱，如果烧碱残留过量，则其强碱性必然会对皮肤造成烧伤等一系列刺激性损伤。过量的乙醇、无机盐、强碱等除影响香皂质量外，对皮肤也会产生一定的刺激作用。香皂中的其他成分如香料、着色剂、抗氧化剂、富脂剂、钙皂分散剂也可引起皮肤损害。制皂时使用的香料是常见的致敏原，可以引起皮肤瘙痒、丘疹、湿疹、过敏性皮炎等。

⊙ 科学使用香皂

不要过于频繁地使用香皂。香皂是碱性物质，其脱脂作用强，频繁使用将会使皮肤上的皮脂过多地去掉，造成皮肤干裂、粗糙。

选择适当的香皂。干性皮肤一般较薄，皮脂腺分泌油脂少且慢，因此，应该选用富脂皂，冲洗后残留的一些羊毛脂、甘油类物质可保护皮肤。油性皮肤多脂，呈油腻状，尤其是鼻部和胡须周围毛囊和皮脂腺孔大，分泌油脂多，易发生感染，适宜用去油力强的香皂和有杀菌力的剃须膏。婴儿皮肤娇嫩，应该选用婴儿用皂和液体皂类。老年人新陈代谢的速度降低，皮脂腺萎缩，皮肤干燥，易引起瘙痒，洗澡时应使用较温和的香皂、少用香皂或者不用香皂。一旦出现皮肤刺激或过敏情况，应该立即更换其他品牌的香皂或改用较温和的香皂、婴儿皂或停止使用。

使用香皂及时冲洗。洗涤后应该及时用水将皮肤上的香皂冲洗干净，尽可能减少其在皮肤上的残留，这样可以减少香皂或其中的添加物对人体皮肤造成的刺激或致敏作用。

洗涤后适当涂抹护肤品。洗涤时不可避免地会将皮肤上的皮脂保护层洗脱，皮肤缺少了油脂的滋润，不能保持皮肤水分。因此，洗涤后皮肤通常有紧张感，此时应该适当地涂抹一些护肤品。

要选用优质香皂。劣质香皂尽量不要选用，香皂变质后不要使用。

沐浴液

沐浴液也称液体香皂，为着色液体。其黏度适中，在各种不同水质中均有良好的去污能力，且泡沫丰富、漂洗容易。沐浴液有普通型沐浴液，还有较高档的沐浴洗涤剂，如浴盐、浴油、泡沫浴剂和浴胶等。

有报道称，沐浴液里有一种叫作 Paraben 的防腐剂，中文名称叫作对羟基苯甲酸甲酯，尽管不会造成皮肤病变，但使用超过十年，就可能诱发乳腺癌。美国食品和药品管理局（FDA）对此声明“消费者无需对含有对羟基苯甲酸甲酯的化妆品担心”。美国癌症协会也曾指出，并没有足够证据证明该物质与乳腺癌有关。但我国对沐浴液有强制性国家标准，对羟基苯甲酸甲酯等抗菌防腐成分的含量有规定，只要含量合乎标准，对身体就没有伤害。

洗手液

洗手液与香皂功能很相似，不过，洗手液通常会添加抑菌成分，可以更有效地消除细菌，并在一定时间内，部分地抑制细菌在皮肤上的繁殖。这样，就可以让双手的皮肤保持相对洁净，降低传染疾病的风险。引来争议的，正是这部分抑菌物质。

2009 年美国环境部的老鼠动物试验表明，三氯生可能会影响荷尔蒙分泌，如甲状腺激素、睾固酮以及雌激素等。2010 年，佛罗里达大学研究则发现，三氯生会提高怀孕绵羊胎儿的雌激素浓度。此外，研究发现三氯生还会影响肌肉收缩功能，以至心脏衰竭。FDA 表示，目前制造商没能证明长期使用这些成分是安全的和能有效防止细菌转播的。

洗面奶

面部因长期暴露在外，经受风吹日晒，面部皮肤也常常“藏污纳垢”，所以清洁是每天非常重要的一道程序。市场上洗面奶的成分种类很多，经常使用的成分就有多达上百种，提到比较多的是皂基洗面奶、氨基酸洗面奶和硫酸盐系洗面奶，下面就针对这三种洗面奶进行介绍。

⊙ 皂基洗面奶

其比较适合油脂分泌旺盛者使用，尤其是干敏、脆弱的皮肤。虽然现在有些皂基洗面奶通过复配成分和工艺，洗后的感觉做到完美，但由于其pH偏高，大部分皮肤并不适合长期使用。

⊙ 氨基酸洗面奶

其清洁力度适中，性质温和，不刺激，洗后皮肤柔软、细滑，成为最近几年热门的清洁产品。但是，氨基酸洗面奶质量参差不齐、质量差别很大，温和性差别也很大。作为一款洗面奶，必需是以氨基酸表面活性剂为主要清洁成分的洗面奶，才可以称为氨基酸洗面奶。消费者可根据名称判断，比如成分的前面部分是“椰油酰”或“肉豆蔻酰”等，后面跟着“×氨酸”的成分，末端再加上“××盐”或“钠、钾”的，一般就是氨基酸表面活性剂。因此在选择时，要根据所列成分，对照一下是不是以氨基酸表面活性剂为主，然后根据其他使用者的用后反馈，看是否适合自己，再决定是否购买。

⊙ 硫酸盐系洗面奶

其常见的成分是月桂醇硫酸酯钠（SLS）、月桂醇聚醚硫酸酯钠（SLES），还有十二烷基醚硫酸钠等，它与皂基相类似，但皂基洗后会更为清爽。SLS和SLES的清洁力最强，带有较大刺激性，长期使用损伤皮脂膜，降低皮肤的自我保护能力。虽然SLES对皮肤有刺激性，但可通过复配鲸蜡醇形成大分子胶束，使其温和到敏感皮肤可用。

洗发香波

洗发香波不仅具有清洁作用，而且还对头发、头皮的生理机能起促进作用，使头发光亮、美观与柔顺。

⊙ 香波的分类

洗发香波按产品形态分类，可分为液状、膏状、粉状、块状、胶冻状香波及气雾剂型产品。块状的称为合成香皂，粉状的称为洗发粉，膏状的称为洗发膏。通常香波是指液体状态的洗发产品。液体洗发香波又可按液体状态分为透明洗发香波、乳液状洗发香波、胶状洗发香波、珠光香波。

洗发香波按功效分，有调理香波、普通香波、药用香波、婴幼儿香波、抗头屑香波、染发香波等。洗发香波按使用对象分，有油性发质香波、干性发质香波、中性发质等香波，也有分为柔性发质香波、硬性发质香波等。

⊙ 香波的选择

洗发用品很多，但适合自己发质的，才是最好的，所以消费者必须针对自己头发的特质来选用合适的香波。

有弹性健康发质的选择。如果头发健康有弹性，没有头屑、干枯之类的问题，可以选择适合正常发质的香波。它的主要功能在于清洁，并有一定的温和护发功能，千万不可一味追求功效多而挑治疗功效型的香波，否则会造成头发的损伤。

细而软发质的选择。如果头发细而软，可以选择合适细发的香波。这类香波又常被称为“能够增加头发轮廓的香波”，除具有特别温和的洗涤成分外，还含有使头发牢固、便于用手抓捏的物质成分，如角蛋白、丝蛋白或植物浸膏，这些物质能令头发直立起来，不易走形，使洗过的头发丰满有形。

皮脂分泌过多发质的选择。如果头皮皮脂分泌过多，头发较油腻，易结块，则应该选择适合油性头发的香波。它的主要成分为抗微生物和使头发表面产生轻微毛糙的植物浸膏，这种浸膏能令头发油脂分泌正常，起到阻止头发洗涤后又很快黏结的作用。

发黄、分叉发质的选择。如果头发的发质不好，发黄或出现分叉等现象，就要选择添加营养剂的香波，如富含氨基酸等营养成分的洗发香波。

这类香波在洗发中能起到营养和修复损伤毛发的作用。

多头屑发质的选择。如果头发头屑较多，又经常发痒，应该选择去屑止痒洗发香波。这种香波多含某种洗涤成分，可将头皮上将要脱落的皮肤碎料分离出来，阻止新的头屑产生，通常还伴有杀菌、止痒的功效。

洗发次数根据具体情况而定。头部是一个自我协调平衡的代谢环境，头皮中的皮脂腺和头发上的毛囊每天都在分泌油脂，对头皮和头发具有保护和润滑作用，洗得过勤，会把这层油脂彻底洗掉，使头皮和头发失去天然保护膜，破坏代谢平衡，变得干燥分叉。一般情况下，2~3 天洗一次头为宜，如果常在户外，灰尘较多，可适当提高洗头频率，很少外出、头发又不油的人，可降低次数。

口腔清洁用品

口腔是人体的重要组成部分，是消化系统的起端。口腔健康是全身健康的基础，因此可根据个人的口腔卫生状况和环境选择适宜的口腔清洁用品。口腔清洁用品主要包括：牙膏、牙粉、牙齿清洁剂、牙齿烟斑去除剂、漱口剂。这里主要介绍牙膏的选择与正确使用。

据英国《每日邮报》报道，牙膏的某些成分对消费者的健康有害，有些化学物质可能引起口腔癌、乳腺癌、神经疾病、心脏病、口腔溃疡、牙龈损伤等。

⊙ 除垢剂——易引起口腔溃疡

口腔黏膜是最娇嫩的组织之一，而十二烷基硫酸钠是最强有效的清洁剂，它可能导致过敏或破坏口腔黏膜，导致慢性口腔溃疡。经常口腔溃疡的人及溃疡发作期的人，最好不要使用含有十二烷基硫酸钠的牙膏。

⊙ 美白剂——伤牙龈

许多牙膏中会添加过氧化氢等漂白剂，从而起到美白牙齿的作用。然而，它们会刺激软组织，损害口腔黏膜，伤害牙龈。事实上，牙齿的洁白程度和牙釉质、牙本质都有关系，这一点通过牙膏很难改变。并且漂白剂虽然可以去除牙齿表面的部分色斑，但对牙齿内源性的深层色斑基本没有效果。

⊙ 研磨剂——伤牙釉质

许多牙膏中会添加细小的颗粒物，以便去除牙齿表面的污渍，然而，有些药膏的研磨剂不够细，会磨损牙釉质，长此以往牙齿会变得敏感。建议选购含氢氧化铝或磷酸氢钙，并且颗粒细小的牙膏，这类研磨剂相对较好，对牙齿表面的损伤更小。

尽管牙膏中的很多化学成分都有潜在危险，但有研究者表示，其中的氟化物是对牙齿有利的，少量氟化物能够帮助减少蛀牙，改善牙齿健康。

PART5 第五章

美丽自我的神器——化妆品

在商场中各式各样的化妆品琳琅满目，化妆品已经成为生活中的常用品。用于清洁、保湿、美白、护肤、防晒、彩妆等种类繁多，就连看似简单的清洁产品，就分为洁面乳、洁面泡沫、洁面皂、洁面粉、洁面摩丝和洁面巾等，这些化妆品的区别是什么呢?怎么样才能根据自己的肤质选择合适的化妆品？为什么出门要涂抹防晒霜，怎样选购合适的防晒霜呢? 这些有关化妆品的问题，你都可以从这里得到解答。

人人拥有健康亮丽的皮肤

护肤品种类繁多，特点各异。在使用时一定要根据自己的实际情况进行选用，因为人的皮肤各有不同。因此，要想拥有健康亮丽的皮肤，首先，我们要了解皮肤的结构，以及自己的皮肤属于什么肤质，从而选购合适自己的护肤品，以延缓岁月在皮肤上留下的痕迹。

人体皮肤的分类

人体皮肤按其皮脂腺的分泌状况，一般可分为四种类型，即中性皮肤、干性皮肤、油性皮肤和混合性皮肤。除此以外，也会经常遇见敏感性皮肤。

⊙ 中性皮肤

健康理想的皮肤，多见于发育期前少男少女和婴幼儿及保养好的人。皮脂分泌量适中，皮肤既不干，也不油，皮肤红润细腻、光滑、富有弹性，不易起皱，毛孔较小，对外界刺激不敏感。但受季节影响，夏天趋于油性，冬季趋于干性。

⊙ 干性皮肤

白皙，毛孔细小而不明显。皮脂分泌量少，皮肤比较干燥，容易产生细小皱纹。角质层含水量低于10%，毛细血管表浅，易破裂，对外界刺激比较敏感。干性皮肤可分缺水性和缺油性两种。

⊙油性皮肤

肤色较深，毛孔粗大，皮脂分泌量多，皮肤油腻光亮，不容易起皱纹，对外界刺激不敏感。由于皮脂分泌过多，容易生粉刺、痤疮，常见于青春发育期年轻人。

⊙ 混合性皮肤

兼有油性皮肤和干性皮肤的特征，在面部T型区（前额、鼻、口周）呈油性状态，眼部及两颊呈干性。80%女性都是混合性皮肤。

⊙ 敏感性皮肤

可见于上述各种皮肤，其皮肤较薄，对外界刺激很敏感。当受到外界刺激时，会出现局部微红、红肿，出现高于皮肤的疱、块及刺痒等症状。

敏感不等于过敏。通常在化妆品界所说的“敏感性肌肤”与医学界所称的“皮肤过敏”是两回事。医师所说的肌肤过敏其实指的是过敏性接触性皮肤炎的皮肤，而敏感性肌肤是指高度不耐受的皮肤，任何肤质中都可能伴有敏感性皮肤。

皮肤的护理及遵循的原则

⊙ 皮肤的水油平衡

正常肤质就是指中性肤质，中性皮肤的pH在5~5.6，它是健康的理想皮肤。可是，具有中性肤质的人所占比例非常少，拥有中性肤质的人护理皮肤相对简单，其他肤质的人则要多加注意，但所有的肤质护理都要遵循水油平衡原则。

皮肤科学的研究证实：保持皮肤柔软性的关键是维持角质层里的含水量。健康的角质层是由无生命活性的角朊细胞构成的，角质层中角朊细胞的细胞膜、细胞内容物及细胞间基质的结合水量，决定了皮肤的柔软性。

在此基础上，人们逐渐揭示出下列三种物质对保持皮肤弹性的重要作用。

⊙ 水

皮肤中保持水分的吸附性水溶性物质。人们称之为NMF，即天然保湿因子。它们的分子结构中含有羟基，这些羟基能像手一样抓住水分子，从而把水分子留在角质层中。

皮肤中的脂质。它们薄薄地覆盖在皮肤表面，防止水分蒸发，不让水分子逃逸到周围环境中去，还能通过影响角质层细胞的粘连而对皮肤保湿产生影响。

在正常的皮肤角质层中，含有10%~20%的水分和7%的油脂。充足的水分能维护皮肤的湿润和弹性。一旦角质层中的水分降低到10%以下时，皮肤就会变得干燥、起皱甚至脱屑。当水分和油脂两者在皮肤角质层中达到最恰当的比例时，即水—NMF—脂质处于平衡状态时，我们称这种皮肤状况是水油平衡。

⊙ 水油平衡失调的皮肤状态

皮肤处于水油平衡状态时，光滑细嫩，富有弹性。但在某些条件下，比如在寒冷干燥的环境中，薄薄的皮脂已经控制不住水分的散失；经常用碱性比较大的洗涤剂洗脸，将皮脂也洗得干干净净；由于疾病的原因，皮肤自身不能产生足够多的保湿物质。这些情况都会使平衡保湿机构遭到破坏，造成皮肤干燥粗糙，甚至会产生皮屑。

正常皮肤的角质层可以形成一个完整的“膜”，保护内部结构不受损伤，防止水分丢失，医学上叫作“屏障功能”。干性皮肤的屏障功能受到了影响，也就是说这个“膜”不再完整。因此，皮肤内的水分、电解质和其他物质会通过表皮丧失，这样会使皮肤更干燥，出现恶性循环；同时，外界的有害物质或刺激性物质容易入侵，导致皮肤过敏或感染，最常见的表现就是瘙痒。

有些人错误地认为出油的皮肤就不会干燥，其实有很多人既出油同时又缺水，表现为皮肤又有油光又脱皮。当角质层中的水分下降到10%以下时，皮肤会分泌更多的油脂来锁住水分，如果这时候不注意给皮肤补充足够的水分，结果会造成更多的油和更少的水而形成更不平衡的状况。因此，当皮肤出现油脂过多的现象时，不要过多使用脱脂力强的洁面产品，这样只会造成恶性循环。

基于水油平衡原则，消费者在选择护肤品的时候要同时考虑皮肤水的保持和油的分泌，从而挑选皮肤所需的护肤品进行护肤。

护肤品的类别

现在护肤品可以说是琳琅满目，分类方法各异。按使用人群分，有专门供女士用的女用护肤品、男士用的男用护肤品以及儿童用的儿童护肤品等。按功能分，有防晒、美白、保湿、抗衰老、祛斑等专用护肤品。按用途分，有洁面产品、卸妆产品、化妆水、精华素、护肤膏霜和乳液、眼霜、去角质产品、祛痘产品等。下面按照用途分类介绍各种护肤品。

⊙ 洁面产品

洁面乳。呈乳液或者乳霜状，没有泡沫。洁面乳的优点就是非常温和，洗完后感觉比较滋润，四季和各种皮肤类型都可以使用，但更建议敏感性、干性皮肤或者各类肤质在冬季洁面时使用。

洁面泡沫。其状态为乳状或啫喱状，加水后可以揉出丰富的泡沫。这类产品清洁力强，洗后感觉清爽。适合各种皮肤类型和四季使用。

洁面皂。早已摆脱以前“碱性大”“伤皮肤”的帽子，现在的洁面皂拥有绝佳的清洁力，而且洗完后不会紧绷干涩，尤其适合混合性和油性肌肤使用。

洁面水。用化妆棉吸取后擦拭面部，可以温和去除面部污垢，擦拭后甚至可以不再用水清洗面部，还可以免用爽肤水，敏感性肌肤尤其适用。

洁面粉。加水调入粉末后可以揉出丰富泡沫。这种形式一般用于需要特别保持活性的产品中，如美白洁面产品、酵素洁面产品，因为干态物质比较容易稳定保存。

洁面摩丝。包装设计的进步让丰富的泡沫能直接从泵口挤出，洁面效果非常柔和，洗后皮肤会感觉滋润光滑，尤其适用于偏干性肌肤使用。

洁面巾。用柔软的非织造布制成，加水后可以搓出丰富泡沫，洁面、卸淡妆一次完成。非织造布的质地还可以用来轻柔去除角质，由于使用方便，特别适合懒人或者出差时使用，但角质层特别脆弱的人最好不要天天使用。

⊙ 卸妆产品

卸妆产品也是洁面产品的一种，但是它与洁面产品带走污垢的方式不一样。卸妆产品中含乳化剂，可以轻松地与附着力强的彩妆油污、皮肤分泌油脂融合，再通过乳化的方式将污垢带走。所以，在爱化妆、爱出油、易敏感这三类情况，卸妆产品一定是首选。

常用的卸妆产品根据其乳化能力分为三种：卸妆油、卸妆乳、卸妆洗面奶。其中，卸妆油的乳化能力最强，能轻易卸掉浓妆，但因其油性重，容易使油性肌肤起痘；卸妆乳的乳化能力相对弱一点，但是也能卸掉浓妆跟淡妆，性能温和，适合所有肌肤使用。而卸妆洗面奶的乳化能力一般，只能卸掉淡妆，也能作为平常清洁皮肤所用，能一步达到清洁的目的。但前面两种产品在卸妆以后，还要使用洁面产品达到彻底清洁的目的。

⊙ 化妆水

化妆水是保湿水、爽肤水、收敛水、柔肤水、营养水、美白水等产品的统称。化妆水由于具有保湿、滋润、柔软、清洁等多种作用而受到越来越多消费者的欢迎和关注。

紧肤水。又称收缩水、收敛水。一般呈偏弱酸性，以透明外观为主，常用原料有酒精、薄荷醇（主要是左旋薄荷醇）、柠檬酸、金缕梅提取液、尿囊素等。酒精、薄荷醇能带来清凉感，同时水分、酒精在蒸发中导致皮肤暂时性的温度降低，令毛孔收缩。有再次清洁、收缩毛孔、抑制油分的作用。对于毛孔粗大的油性、混合性以及易长痘痘的肤质非常适用。

柔肤水。以软化角质、让皮肤柔软嫩滑为特点，一般偏向弱碱性。作用机理是通过添加微量有机碱或者无机碱来软化角质层，帮助皮肤加速清除老化细胞，使肌肤更清爽。多适宜肤色较暗淡的油性、混合性肤质。

爽肤水。爽肤水是比较基础的化妆水类型。醒肤水、焕肤水、洁肤水其实本质上都属于爽肤水。这类水一般功效简单，一般会加入酒精，使用起来很清爽；有些爽肤水还含有酸类（如果酸、水杨酸等）成分，使它能具有二次清洁的作用。

⊙ 精华素

精华素是由天然的动物、植物或者矿物质等有效成分采用高科技萃取制作而成的高度浓缩护肤品，是天然动、植物以及矿物质在低温条件下提炼而成的，所以本身的活性有效成分可以得到有效保存。

精华乳、精华液、精华水等，则是不同质地的精华素产品，适用于不同肤质的人群。比如：精华液比较稀，适用于油性肤质；而精华乳则比较浓稠，适用于干性肤质。此外，还有精华素面膜、精华素胶囊等多种不同形式的产品。

⊙ 护肤膏霜和乳液

护肤膏霜是一类固态或半固态乳化状制品。其主要作用是恢复和维持皮肤健康的外观和良好的润湿条件，因此，在研究膏霜类护肤化妆品时，采用组成与皮脂膜相同的油分是较理想的。因此，护肤膏霜主要是由油脂、蜡和水、乳化剂等组成的一种乳化体系。典型的护肤膏霜不含或少含特殊功能的添加剂。

护肤乳液或奶液类乳化制品的黏度较低，在重力作用下可倾倒，多为含油量低的O/W（水包油）型乳液，此护肤乳液又叫润肤奶液或润肤蜜。乳液化妆品的质地细腻，流动性好，易涂抹，延展性好，不油腻，使用后皮肤感觉舒适、滑爽，尤其适合夏季使用。护肤乳液的组分与护肤膏霜组分类似，仍是由滋润剂、保湿剂及乳化剂和其他添加剂等组成，但因乳液为流体状，故护肤乳液中的固体油相组分要比膏霜中的含量低。

⊙ 眼霜

眼部肌肤是人体最薄的肌肤，同时又是活动最频繁的部位，而且还是化妆中拉扯皮肤次数最多的地方，非常容易长出皱纹，并且一旦长出就很难消除。眼霜有舒缓眼部，保持眼部滋润的功效，除了可以减低黑眼圈、眼袋的问题外，同时也具备改善皱纹、细纹的功效。不过，眼部的肌肤非常细致而脆弱，容易受到伤害，因此，选择眼部产品，最好能选择温和、不刺激、低敏感型的眼部产品。

眼霜的种类很多，大致分为眼膜、眼胶、眼霜等；从功能上分为滋润眼霜、紧实眼霜、抗老化眼霜、抗敏眼霜等。

眼睛周围的肌肤是面部肌肤中角质层最薄、皮脂腺分布最少的部位，眼部皮肤只有面部皮肤的1/3厚，不能承受过多的营养物质。所以眼霜最根本的目的在于能快速吸收、适当滋养，不能用油性的面霜代替眼霜，给眼睛增加不必要的负担。眼霜是以质地清爽的膏霜为基质，添加各种营养成分，这也是直接导致眼霜价格偏高的原因。眼霜的主要营养成分：维生素E、植物提取精华、大豆卵磷脂、玫瑰精华、氨基酸、维生素A衍生物（A酯）、水解蚕丝蛋白、乳油木果油等。

眼部皮肤的问题不可以单靠眼霜、眼膜来解决，更重要的是调整个人的不良习惯，比如：睡前喝水会有眼部浮肿；经常熬夜会有黑眼圈；经常揉眼睛或眯着眼睛看东西，用手托着腮等习惯都容易产生细纹。如果这些习惯不改正，再好的眼霜也解决不了问题。眼霜只是起辅助作用，健康的作息、合适的眼霜配合适当的按摩手法都会提升眼部肤质。

⊙ 去角质产品

现代人因接触外在环境的条件变差，饮食不均衡、生活作息不正常、熬夜、抽烟、喝酒、情绪波动等因素影响，常会使得新陈代谢速度减缓，不正常的代谢使得角质细胞无法自然脱落，厚厚堆积在表面，导致皮肤粗糙、暗沉，所涂抹的保养品，往往也被这道过厚的屏障挡住，无法被下面的活细胞吸收。因此，我们要预防角质增厚。

角质层的主要功能就是防止水分散失及保护深层皮肤，所以适宜厚度的角质层对皮肤很重要。适度去角质正确的做法是：去除表层老旧角质以加速角质代谢功能。适时、适当、适度地去角质的确是可以让皮肤的触感改善，可以让角质层的透明度增加，也可以让整体肤色均匀度改善，减少毛孔堵塞的可能。

一般油性皮肤一周去一次角质，中性皮肤两周一次，干性皮肤两周以上一次或者局部使用，敏感性皮肤一个月一次或者不做；春夏季角质产生的速度要比秋冬季快，所以去角质的时间间隔也相对短。但时间只是一个参考，因为会受到季节、温度、生理时期、所使用的其他保养品等各个方面影响，因此要多从使用感受上去判断何时该去角质。

⊙ 祛痘产品

痘是痤疮的俗称，又叫“青春痘”或“暗疮”，是由于毛囊及皮脂腺阻塞、发炎所引发的一种皮肤病。青春期时，体内的荷尔蒙会刺激毛发生长，促进皮脂腺分泌更多油脂，毛发和皮脂腺由此堆积许多物质，使油脂和细菌附着，引发皮肤红肿。

祛痘产品是一类以抑制、治疗痘痘为目的的化妆品。应对痘痘，要对症下药。当皮肤出现痘痘时应查明原因，根据不同情况采用不同的应对策略。

有痘痘时的选择。对于容易起痘痘的皮肤，注意适度清洁，选用含氨基酸类表面活性剂等温和清洁成分的洁面产品洗脸。

有粉刺时的选择。对于粉刺，可以选择用水杨酸成分的化妆品来抑制粉刺，保持皮肤代谢正常，也可以选择含甘草酸二钾成分的温和祛痘化妆品。

有严重或反复痤疮时的选择。对于严重炎症型痤疮或长期反复出现痤疮症状的患者，应该到医院进行诊断，交给医生处理。

要了解青春痘发生的原因，对症下药，才能更好地达到治疗的效果，但不是单纯依靠化妆品就能做到的，在日常生活中还要注意卫生习惯，与脸接触的毛巾、床单等要时常保持清洁，同时要调整好生活作息及饮食习惯，保持精神愉悦。

保湿、美白、防晒和抗老化

皮肤老化是由自然因素或非自然因素造成的皮肤衰老现象。人出生后皮肤组织日益发达，功能逐渐活跃，当到达某个年龄段就会开始退化，这种退化往往是在人们不知不觉中慢慢进行的。皮肤组织的成长期一般结束于25岁左右，有人称此期为“皮肤的弯角”，自此生长与老化同时进行，皮肤弹力纤维渐渐变粗，40~50岁，皮肤的老化慢慢明显，但老化程度因人而异。皮肤老化现象主要表现在两个方面。

皮肤组织衰退。皮肤的厚度随着年龄的增加而有明显改变。人的表皮20岁时最厚，以后逐渐变薄，真皮在30岁时最厚，以后逐渐变薄并伴有萎缩。皮下脂肪减少，并由于弹力纤维与胶原纤维发生变化而逐渐失去皮肤弹性和张力，更进一步导致皮肤松弛与皱纹产生。

生理功能低下。皮脂腺、汗腺功能衰退，汗液与皮脂排出减少，皮肤逐渐失去昔日光泽而变得干燥。血液循环功能减退使得补充皮肤必要的营养变得困难，因此，老年人皮肤伤口难以愈合。

皮肤的老化来源于多方面，生理、心理、自然界的刺激等衰老，是不可抗拒的自然现象。但人的衰老是可以延缓的，要延缓皮肤的衰老，首先应找到致衰的内在因素，再选择与其相适应的护肤品。导致皮肤衰老的主要原因有以下三点。

天然保湿因子的不足。在皮肤的角质细胞层中含有30%的天然保湿因子（NMF），有维持角质层含水量的作用。水是皮肤最好的柔软剂，角质层中含有10%~20%的水分时皮肤显得柔软滋润。当天然保湿因子分泌不足、角质层中含水量少于10%时，皮肤干枯脱屑甚至皲裂。

自由基增加。自由基是人体内不配对的电子，对细胞组织有很强的损伤作用，可导致皮肤衰老。机体内有一种超氧化物歧化酶（SOD），可俘获超氧阴离子自由基，保护组织器官。但是随着人的年龄增长，自由基不断增加，而超氧化物歧化酶却随年龄增长而减少。过量的自由基会损伤皮肤纤维组织、细胞组织，加速皮肤的老化过程，使色素沉着，形成老年斑。

日光的作用。日光中的紫外线可使角质层变厚，皮质变硬，使弹力纤维变性，失去弹力功能，受紫外线照射的皮肤自由基增加，从而使皮肤加速老化。

补水、保湿

表皮、真皮的水分大量丢失后，表皮细胞层变薄，真皮内胶原纤维减少，排列紊乱。皮肤缺少水的滋润，变得干燥、萎蔫、缺乏弹性，出现皱纹，进而皮肤会晦暗、色素沉着，显现出皮肤的衰老。

缺水是皮肤衰老的根本原因。补水是直接补给肌肤角质层细胞以所需的水分，保湿则是防止水分的蒸发。

要达到良好的保湿效果，不是简单抹一层保湿用品那么简单。为了让保湿效果更完善，不要抗拒使用有油分的保湿霜。适当的油分不仅具备滋润、锁水功能，还能够将角质层间脱落的皮屑空隙填满，使肌肤立即变得光滑，角质层细胞也不会在外界环境湿度过底时，持续向真皮层等部位索取水分，向上递补了。

⊙ 高机能化妆水

比起一般化妆水，高机能化妆水保湿成分更丰富，可以补充角质层的水分，还有其他附属成分。不过其中所含的油性保湿剂不多，需要配合其他保湿产品使用，是保湿系列中的最佳配角。

⊙ 精华液

精华液所含的保湿剂浓度相当高，分子却很细微，最易被肌肤吸收，而且触感清爽。虽然精华液补水效率最高，但仍需要再加一层锁水产品，水分才不会流失。任何肤质都适合。

⊙凝胶

特点就是清爽感，主要因为其油性保湿成分很少，大多以水性保湿成分来制造水感。适合油脂分泌正常的年轻肌肤或油性肌肤。

⊙乳液

兼具水性增湿成分和油性保湿成分，保湿机能完善，却又不会给肌肤太大的负担。只要不是太油的肌肤，都很适用。

⊙ 乳霜

锁水性能最好的护肤品，其水性增湿成分和乳液差不多，但是油性保湿成分却大大增加了。适合皮脂分泌不足的肌肤以及极干性肌肤。

皮肤美白

有的人肤若凝脂，而有的人却肤色黝黑。这与皮肤中黑色素细胞数量是息息相关的，导致黑色素产生有内因，即与每个人皮肤本身基底层黑色素数量有关，也就是遗传的天然肤色；也有外因，如紫外线的照射。内因是不可改变的，但可以通过外因的努力，尽可能达到本身肌肤可以达到的白皙，这就要在日常生活中注意美白。

美白除了要防晒，达到从外而内保护肌肤免受外界紫外线的伤害，也要从内而外，让肌肤重新焕发光彩，这就是美白保湿。美白保湿是一个深层导入的过程，防晒则是对肌肤表层加以保护，美白 + 保湿 + 防晒，才是真正的美白。美白的关键是认清自己的肌肤，选择合适的美白产品，从而真正阻击光老化。

美白的过程其实也是皮肤更新和清洁的过程，而去除掉老化的角质层会让皮肤比较干燥，而干燥的皮肤是很容易产生黑色素的，所以，需要及时地补充营养和水分。

⊙黑色素的形成

黑色素是动物皮肤或者毛发中存在的一种黑褐色的色素，由一种特殊的细胞即黑色素细胞生成并且储存在其中。正是由于黑色素的存在，皮肤才有了颜色。

黑色素是一种蛋白质，存在于每个人的体内，位于皮肤基底层的细胞中间，此时并不是真正意义上的黑色素，而是黑色素原生物质，也叫作色素母细胞。色素母细胞分泌麦拉宁色素，当紫外线照射到皮肤上，就会刺激麦拉宁色素，激活酪氨酸酶的活性，来保护皮肤细胞。酪氨酸酶与血液中的酪氨酸反应，生成多巴。多巴其实就是黑色素的前身，经酪氨酸氧化而成，释放出黑色素。黑色素又经由细胞代谢的层层移动，到达肌肤表皮层，这样就形成雀斑、晒斑、黑斑等（图 5-1）。

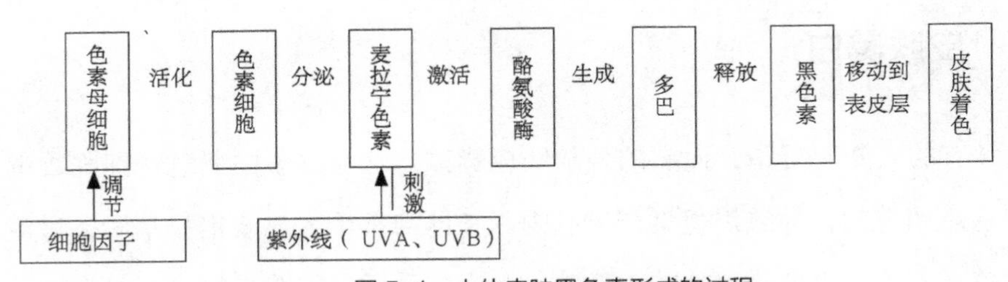

图 5-1　人体皮肤黑色素形成的过程

这样看来，黑色素不是没有一点好处的，它可以吸收和散射紫外线，可以保护表皮深层的细胞不受辐射伤害，是肌肤因避免受紫外线的伤害而自行产生的一种物质。从某种角度来讲，它是“好人”，只是形象“差”了一点。如果体内黑色素合成能力降低了，皮肤就会变得敏感。白种人更易受紫外线伤害，其皮肤衰老较黑种人更快，很多欧洲国家的白种人皮肤癌发病率要高于非洲黑人，也就是这个原因。所以，黑色素可以保护人体的皮肤细胞。

⊙ 如何抑制黑色素

在25岁之前因适应性色素沉淀而产生的变黑及斑点，一般都具有可逆性，即还可以自己慢慢变回来。一旦过了25岁，肌肤状况便开始走下坡路，一些斑点失去了自动的可逆性，这时就需要美白产品的保养，来帮助肌肤恢复原有的白皙，并适当地抑制黑色素生成。

现在国际上最流行的美白元素有左旋技术的维生素C、维生素C衍生物、甘草精华、桑树精华、熊果苷、烟酰胺、视黄醇、甘草提取物等。

白天紫外线较为强烈，因此使用防晒产品抵御紫外线的侵害，同时使用美白产品抑制黑色素的生成。但如果想让肌肤达到真正的完美白皙，夜晚的美白修护同样必不可少。晚间细胞的再生速度比日间快两倍，因此，晚间是进一步美白修护肌肤、提升净白效果的最佳时间。

⊙防晒

过了30岁以后，面部皮肤开始出现很多的问题，如色素异常、皮肤松弛、细小皱纹、面部红血丝、毛孔扩大、皮肤颜色晦暗等，其综合的结果是面部皮肤开始变得老了，但是身体的皮肤仍然年轻靓丽，这是为什么呢？这说明面部的这些改变并不是真正意义上的老化，这种老化称为“光老化”，是指光促使皮肤过早地出现老化性改变。光老化是由于皮肤长期受到日光照射所引起的损害，表现为皮肤粗糙、增厚、松弛、深而粗的皱纹，局部有过度的色素沉着或毛细血管扩张，甚至可能出现各种良性或恶性肿瘤。

认清防晒系数。防晒系数是指SPF防晒系数，表明防晒用品所能发挥的防晒效能的高低。它是根据皮肤的最低红斑剂量来确定的。皮肤在日晒后发红，医学上称为“红斑症”，这是皮肤对日晒作出的最轻微的反应。最低红斑剂量，是皮肤出现红斑的最短日晒时间。使用防晒用品后，皮肤的最低红斑剂量会增加，那么该防晒用品的防晒系数 SPF 为：

$$\text{SPF} = \frac{\text{最低红斑剂量（用防晒用品后）}}{\text{最低红斑剂量（用防晒用品前）}}$$

防晒系数 SPF 是测量防晒品对阳光中紫外线（UVB）的防御能力的检测指数。

另外，还有一个指数 PA。PA 是 1996 年日本化妆品工业联合会公布的“UVA 防止效果测定法标准”，是针对长波紫外线（UVA）设计的。科学已经证实 UVA 是导致肌肤老化的凶手，所以日本科学家研发了专门抵挡 UVA 的防晒品，并以“+”来表示防御强度。它的程度是以 +、++、+++ 三种强度来标示，“+”越多，防止 UVA 的效果就越好。PA+ 表示有效、PA++ 表示相当有效、PA+++ 表示非常有效。

适当的防晒系数。SPF 虽然是防晒的重要指标，但并不表示 SPF 值越高，保护力就越强。根据皮肤科专家的研究，最适当的防晒系数是介于 SPF15 到 SPF30 之间。防晒剂有两种：紫外线吸收剂和紫外线屏蔽剂。通常，每一瓶防晒霜都会标注 SPF 值和 PA 标示，分别表示皮肤抵挡中波紫外线（UVB）和长波紫外线（UVA）的时间倍数。在挑选防晒产品时，除了考虑防晒系数之外，还要了解该产品有无防水的功能，日常生活和参与户外活动应根据不同的环境选择防晒霜，才能让肌肤得到最有效的呵护。

⊙ 树立正确的防晒观

提前使用。涂抹防晒产品后，会随着水分和其他易挥发成分的挥发，形成一层稳定的防晒膜。出门前 20 分钟就先擦拭完毕，方可达到最佳的防晒效果。如果同时使用其他产品，不管是化妆水、精华或保湿乳液，防晒产品都应该是最后擦拭的，如果先使用防晒产品再擦保湿乳液，会破坏防晒产品在皮肤表层已经形成的薄膜结构。因此，在游泳和流汗后必须补上一层防晒产品，避免防晒失去功效。

使用量足够，且 SPF 值不能累积。通常防晒品在皮肤上涂抹量为 $2mg/cm^2$ 时，才能达到应有的防晒效果。很多人在夏天喜欢将各式各样的保养品、彩妆都换成有防晒系数的产品，以为“SPF15 的乳液 +SPF15 防晒乳 +SPF15 粉饼 =SPF45 的防晒效果”，这是不正确的。在累积使用的防晒产品中，产生的防护能力只能以防晒系数最高的那一个为准，所以在保养步骤中，只需要准备一个含有适当防晒系数的产品即可。

防晒需要每天进行。是否需防晒与天气和年龄无关。很多人认为阴天时云层很厚，紫外线就不会伤害到皮肤了，这种认为是错误的。云层对紫外线来说几乎起不到任何隔离作用，90% 的紫外线都能穿透云层，只有昏暗又厚重的雨云层才能阻止部分紫外线。所以无论春夏秋冬，阴天多云，室内还是室外，一年四季都需要防晒。此外，不论年龄、居住地或肤色，只要在太阳下几分钟，紫外线对皮肤的伤害就发生了，即使没有晒黑，长年下来，还是会造成伤害，因此时刻都应该使用防晒霜。但是，如果白天使用的护肤品若有一种具有防晒系数 SPF15 以上的产品，紫外线的防护就足够了。

⊙ 预防自由基

在生理状态下，人体代谢过程中自由基的浓度很低，不仅不会损伤机体，而且还显示出独特的生理作用。但是，体内自由基的生成量与年龄的增长成正相关，而抗自由基系统的功能则与年龄的增长呈负相关。自由基产生过多或清除过慢，会对生物体产生一系列长期的持续性损害，加速机体的衰老速度并诱发各种疾病。

在每天的生活中，有很多因素会加速肌肤细胞老化，手机、电磁波、紫外线、空气污染、油炸食物及压力等。在日常的护肤产品中，加入抗氧化成分的产品，会使肌肤的抗衰老效果更好。抗氧化产品种类较多，消费者可根据自身的皮肤感觉选择最适合的产品。

化妆品中常见的抗氧化成分有维生素 E、维生素 C、β- 胡萝卜素、辅酶 Q10、番茄红素、SOD、谷胱甘肽、茶叶多酚类、天然虾青素、蜂蜜、维生素 A 醇、阿魏酸、硫辛酸等。

因此，抗氧化工作要在悉心保养皮肤，做好美白保湿、防晒、抗氧化的基础上，同时配合良好的生活习惯和饮食习惯。

彩妆化妆品

彩妆作为一门“美”的艺术，是利用化妆材料在面部进行修饰，“扬长补短”达到美化的效果。采用粉底、腮红、蜜粉、眼影、眼线、睫毛膏、口红涂或画在脸部的妆就叫彩妆。彩妆包括的范围很多，如生活妆、宴会妆、透明妆、烟熏妆、舞台妆等。最理想的彩妆是，没有妆的痕迹在脸上，但却明亮动人，呈现出或温柔，或浪漫，或狂野的个人鲜明风格。

彩妆化妆品包括粉底类化妆品、眼眉类化妆品、腮红类化妆品、唇膏类化妆品、指甲类化妆品等。

粉底类化妆品

粉底是美容化妆时用于打底的一种化妆品，它的主要作用是使皮肤呈现自己喜欢的色彩，有光泽、晶莹剔透的感觉，能遮盖或弥补面部皮肤的缺陷，为彩妆打下基础。

⊙ 粉底的分类

按照外观可分为水型粉底（即水粉）、乳型粉底（即粉底乳或粉底蜜）、脂型粉底（即粉底霜）、粉型粉底（即散粉或香粉）、条形粉底、块状粉底（即粉饼）、干湿两用粉底、纸状粉底（即香粉纸）等。

液状。它是将粉质颜料悬浮在水和甘油中形成的。使用时需上下摇动均匀。水分含量较多，遮盖力较弱，有透明自然的效果，一般适合肤色较好的人使用，适用于油性、中性和混合性的皮肤。

乳状。它的配方轻柔，紧贴皮肤，有透明、自然的效果。一般会添加保养成分，不仅可修饰肌肤还有保养的功效。适用于中干性和特干性皮肤。

霜状。油性配方，修饰效果较强，其滋润成分特别适合干性皮肤，但经常使用后可能会出现粉刺。

粉状。外光为白色、肉色或粉红色的粉末，含较多粉质颜料，能消除油光，也可在美容化妆品全部完成后作定妆使用。适合油性皮肤使用。

粉条或膏状。油脂含量高，对于肤色不匀及瑕疵遮盖效果良好，可于浓妆时使用。

粉饼或干湿两用粉饼。粉饼是在香粉中加入黏合剂并制成饼状，是最方便的补妆品；干湿两用粉饼沾水或不沾水均可使用，沾水使用耐汗不易脱；但水分蒸发后，易造成细小皱纹。

纸状粉底。携带方便，用于吸汗、补妆的粉底类化妆品。

⊙ 粉底的选择

粉底是由油脂、粉水与色素等成分组成的。根据油脂、水粉及色素的含量，可配制出各种不同的粉底。面对这些令人目不暇接、功能各异的粉底产品，可以从肤质状况、需求与环境方面来选择。

油性皮肤。油性皮肤的最大问题是脸上总是泛油，因而有化了妆容易脱妆的困扰。这一类皮肤应该选择标有“Oil-free”（无油）字样的粉底，这类产品中通常用硅（矽）有机树脂微粒作为润肤成分。

混合性肌肤。T字部位易出油、两颊干燥是混合性肌肤的烦恼，属于这类肌肤的女性在粉底的选择上与护肤品很相似。在爱出油的T字部位涂抹水基配方的无油粉底，在两颊较干燥部位涂抹保湿型粉底。

干性皮肤。在涂抹粉底前应使用保湿乳液护理皮肤，然后选择滋润型粉底上妆。

问题肌肤。对于有暗疮、色斑、黑眼圈的问题肌肤，应选择不透明的覆盖型粉底。这类粉底质地较黏稠，不仅遮盖力强，防水性和持久力也不错。在涂抹粉底时应搭配使用遮瑕膏。

皱纹肌肤。选择粉底的第一要求就是有足够的滋润力，要保证能带妆一整天也不会感觉干燥；二是粉底要有特别好的延展性，能顺滑皱纹部分而不会产生堆积现象。

季节气候。季节气候因素对粉底的选择也有很大的影响。夏季炎热，出汗较多，易掉妆，宜选用粉饼或乳剂类粉底；秋冬季气候干燥，宜选用含油脂较大的膏状粉底。另外，出席宴会、集会等正式场合时宜选用遮盖力强、富有光泽的膏状粉底，日常生活则宜选用液状粉底。

⊙ 粉底颜色的选择

不同品牌的粉底的颜色一般都会有从浅象牙白色到深褐色的不同色号供选择。选择正确的色号不但可以均匀肤色，更可以适当调整肤色。

一般来说，粉底颜色的选择要根据自己的肤色来决定，通常以接近本人自然肤色为原则。涂敷在皮肤上后，要自然，没有明显的痕迹。大多数亚洲女性肤色都偏黄，所以比较适合选择一些偏黄的粉底，而尽量避免那些发红、发白的粉底。绿色和紫色称为抑制色。绿色粉底可以修饰面部的红色（如红血丝、痘痘留下的疤痕、肤色偏红等），紫色粉底可以修饰黄色，使皮肤显得粉嫩通透。若选的颜色过浅，很可能会造成色差过大的不自然妆效。

试粉底时，最好在下巴或下颚处，这样既可以清晰地看到与脸部及颈部的色差，还可以比较粉底颜色与原有肤色之间的融合度。不要涂在手背上试色，因为通常手背的肤色没有脸部的白皙容易造成偏差。尽量在白天去商店挑选粉底颜色，因为晚上去买粉底时，商店的灯光会改变粉底的真实颜色，最好是在自然光下试用。

眉眼类化妆品

眼睛是心灵的窗户，拥有一双明亮的眼睛能使整个面部更加生动美丽，因此，眼部的修饰是面部化妆的重要一环。眉眼化妆品主要有眉笔、眼影、眼线、睫毛膏等。

⊙ 眉笔

眉笔又称眉黛、眉黑，用来修饰眉毛。但笔芯有许多不同的制法。有的类似铅笔，笔芯用木材包裹，使用前要用专用的刀削；有的是把原料制成单独的笔芯，安装在可以旋转的笔杆内，无须刀削，只要向上旋转就能使用。一般来说，类似铅笔的眉笔笔芯较软，而旋转式眉笔的笔芯因为没有木材的保护而需有一定硬度。

⊙ 眼影

眼影的分类。眼影是涂敷在眼睑处以形成阴影，使眼睛富有立体感，以达到强化眼神的目的。眼影的产品形态有粉状、膏状和液状三种。眼影的色调是眼部化妆品中最丰富多彩的，从蓝色、棕色、灰色等暗色调到绿色、橙红色、桃红色等亮色调都有，还有珠光色调，如果点缀得恰到好处，能赋予眼睛神奇的魅力。

眼影颜色的选择。眼影可分为阴影色、明亮色、强调色三种（表5-1）。

表5-1　眼影的颜色运用

颜色	作用特点	常用颜色	色彩运用效果
阴影色	涂在希望显得窄小、深凹或应该有阴影的部位	暗灰、暗褐、棕灰、紫灰、深蓝灰、深棕等色，一般常用棕色作为基础阴影	暗灰、棕灰——表现洒脱，成熟 深棕——表现眼周立体感 蓝色——表现沉静、清丽、明澄 紫色——表现清朗、明净、严肃、优雅
明亮色	涂在希望显得高、突出宽阔、丰润的部位以表现强光效果	米色、灰白、白色、淡黄、淡粉带珠光（荧光）的颜色等，一般是发白的色泽	米色——给人沉静而大方的感觉 淡黄——给人纯洁、清爽、温和之感 白色——用来调淡各种颜色 荧光、金、银等色——具有高光点染的作用
强调色	为了突出某个部位，使之成为引人注目的焦点	任何颜色都可以作为强调色	强调色的运用，关键在于色彩的比例搭配。如果在紫色眼影的铺垫下，在双眼睑中涂上一点金色眼影，这无疑是加强眼睛美丽的强调色

⊙眼线

眼线的分类。眼线是用来直接描画眼睛的上下眼睑边缘，使眼睛看上去大而明亮，还可以修饰和改变脸形，能使单眼皮描画成双眼皮，增加眼睛的魅力和美感。一般眼线化妆品有眼线笔、眼线膏和眼线液三种。

眼线笔。适合初学者使用，很好控制。缺点是容易晕开，不容易上色，比较难画出很细的线条。

眼线膏。像画画一样用眼线刷蘸一点膏体，然后描在眼睛上。不易晕染，也比较持久，更适合描绘想要的形状。

眼线液。眼线液画出来的线条最细，颜色深，且不容易晕染。

由于眼线是直接使用在眼睛的敏感部位，所以对产品的安全性能有特定的要求：对眼睛及眼部的皮肤、黏膜无刺激、无毒，不影响视力，不引起过敏反应；容易描画出所需线条；涂膜有相当的干燥速度，有柔软性，不易剥落和出现裂纹；便于卸妆。

眼线类化妆品的选择。初学者画眼线最好使用眼线笔，宜选用笔芯较软的眼线笔，因其容易掌握，颜色也较多，只要选择接近眼珠的颜色，沿着眼型勾勒，就能表达出自然的眼部神韵。眼线液可以使眼线更持久，又不易脱落。想使眼睛的线条清晰，可用液状眼线笔。眼线膏比眼线液要容易掌握，使用起来更滋润细致。眼线膏属于胶状质地，只要使用专门的眼线刷，就很容易描画，画出的线条流畅清晰、密实服帖。眼线膏的颜色饱和，颜色的选择也很多，它的质感表现力特别强；传统的眼线液通常没什么特别的质感，而眼线膏可以表现出哑光、金属光泽、珠光等各种特殊的质地。而且妆效极其持久，它是最为长效的眼线，能保持长久清爽而不会晕染，很适合油性皮肤使用。

⊙ 睫毛膏

睫毛膏的分类。眼睛如果缺少幽长浓密的睫毛，会像没有纱幔的窗户，显得过于直白，缺少韵味。睫毛化妆品可以修整和美化睫毛，增加光泽和色泽，使睫毛显得浓密、饱满、修长而富有弹性。睫毛化妆品常用的色泽有黑色、棕色、蓝色、透明色等，可分为防水型和耐水型。按照使用效果又可分为卷翘型、浓密型和纤长型。

睫毛膏的选择。由于睫毛化妆品使用时非常贴近眼睛，因此，其安全和卫生要求非常严格。要注意以下几个方面：睫毛膏对眼部应安全无害、无刺激性，如使用时不慎落入眼中，不可有刺痛感；睫毛膏应有适度的光泽，使用后使睫毛色深，有光泽，产生较好的美容效果；膏体均匀细腻、黏稠度适中，较易涂刷，黏附均匀，使用后睫毛不变硬、不结块；睫毛膏干燥后不粘眼皮，不怕汗、泪水、雨水的浸湿。

黑色睫毛膏最能提高“眼睛放电度”，能把睫毛膏的纤长、浓密充分发挥出来；棕色睫毛膏虽然色泽自然，但不及黑色的让眼睛有神；蓝色睫毛膏不适用于正式场合，但是前卫，让眼睛显得魅惑十足；透明睫毛膏适合喜欢裸妆的人，让人察觉不出有化妆的痕迹。

腮红类化妆品

⊙ 腮红的分类

腮红又称胭脂、颊红。它能修饰和美化脸颊，使之呈现立体感和健康气色。腮红的上妆重点是不夸张，若隐若现的红扉感营造出一种纯肌如果冻般的娇嫩可爱。它也能修饰面容、补充血色、增添魅力，给人以健康、年轻的感觉，具有强力发色作用。腮红根据状态可分为粉状、膏状、液状、慕丝和乳霜状五种。

⊙腮红的选择

腮红颜色的选择要结合肤色、个性、场合等因素。一般肤色以选用淡粉红、桃花色和珊瑚色为宜；肤色较深可以选用淡紫红色和红棕色；肤色偏黄者可用橘红色腮红。

粉质腮红。相比膏状和乳霜状腮红，粉质腮红能够抑制一部分油光。但是干性皮肤要慎用，因为肌肤表面的水分和油分的缺失，会使腮红粉浮在脸上，看上去像戴了面具。适合油性肤质、混合性肤质。

膏状腮红。适合搭配海绵使用，延展效果较佳，可以制造出健康流行的油亮妆效。一般来说，膏状腮红的色彩会相对浓重一些，可以更加突显出红润的好气色，再加上持久的妆效，因而比较适合在隆重的场合使用。

适合干性肤质、混合性肤质。

液体腮红。含油量少，或是不含油，可以让脸颊由内到外自然透出红润，而且很持久，不会脱落。适合偏油性的肌肤使用。

慕丝腮红。质地清淡，一次用量不宜太多，以多次覆盖方式涂擦，效果会比较自然。慕丝腮红颠覆了粉状与膏状腮红的传统，有虹光色彩与湿润的触感，使用时有如丝缎般的光滑质感，就如同第二层肌肤般细致、柔嫩。适合偏油性的肌肤及所有肤质。

乳霜状腮红。质地柔滑，建议在定妆之前使用，控制用量，用量过度会导致腮红越擦越大。适合偏干性肌肤使用。

唇膏类化妆品

⊙ 唇膏类化妆品的分类

嘴唇细嫩、敏感、易受刺激，口红涂在唇上，即能美化口唇，又能保护口唇。唇膏类化妆品主要分为唇膏、唇彩/唇釉、唇油和唇线笔四种，它们都拥有丰富的色彩。

唇膏。各类高度滋润油脂和闪光因子少，所含蜡质及色彩颜料多。油亮透明度和滋润保湿性不及唇彩，但在唇部的附着力较高，尤其在不脱色技术上显著。

唇彩/唇釉。黏稠液体或薄体膏状，富含各类高度滋润油脂和闪光因子，所含蜡质及色彩颜料少。晶亮剔透，滋润轻薄，上色后使双唇湿润立体感强，尤其在追求特殊装扮效果时表现突出，但较易脱妆。

唇油。唇油是润唇膏的又一表现形式，是滋润、保湿、保护唇部的一类产品。只是形状不一样，润唇膏是膏体，唇油是油状。

唇膏笔。膏体口红，采用蜡笔式设计的唇膏外形，携带方便，适合新手。

⊙ 唇膏类化妆品的选择

唇膏化妆品颜色的选择要考虑到诸多因素，如肤色、发色、服装搭配、季节、场合等。口红还应与眼影、指甲油、胭脂颜色相搭配。

根据肤色选择口红。对于深肤色的人，口红的选择就会很多，如深紫红色、巧克力色、红色、橙色以及清淡的颜色。一般来说，肤色越深，选择口红的色调越深；对于肤色适中的人，任何色调的红色都很适合，如褐色系列的紫红色，透明的莓紫色、深棕色等；对于皮肤白的人，比较合适的色调是米色、浅珊瑚红、浅粉色等；对于皮肤发黄的人，要尽量避免使用黄色系列唇膏，最好选用红色系或粉红色系唇膏，可以增加唇部及脸部的明亮度。

根据场合选择口红。正式场合或重要宴会时，最好选择看上去显得成熟稳重的唇膏颜色，避免使用有光泽的亮光类唇膏，以免给人留下轻佻的印象；面试时不宜打扮得过分华丽，唇膏以粉红色系列为佳；参加舞会时，唇膏颜色最好有一种热烈奔放的特点，如先涂玫红色唇膏，然后涂珠光型唇膏，还可以再加染金粉。

根据服装选择口红。穿红色衣服，最好搭配同色系的唇膏，或选用粉红色唇膏，不能选紫色系唇膏；穿紫色服装，应选用同色系的唇膏，忌用红色系唇膏。穿黑衣服时，要特别注重脸部的妆容，应选用粉红色或玫红色唇膏，能较好地衬托出华丽、醒目且成熟的效果。

根据不同的唇形选择口红。唇形的不完美可以在唇膏的颜色上来弥补。唇形较凸，也比较厚，可以用颜色较深或柔和一点的唇膏；唇形过薄的人，不适合用过深的颜色，而应使用明亮鲜艳的颜色，使嘴唇看起来丰满一些。

指甲类化妆品

⊙ 指甲类化妆品的分类

指甲类化妆品涂敷在指甲上，可以起到清洁指甲、保护指甲、美化指甲的作用。指甲类化妆品的种类有指甲油、指甲膏、指甲营养液、指甲油去除剂等。

⊙ 指甲油的选择

应选择稠稀适度、颜色纯正的品牌指甲油。劣质指甲油颜色不纯正，挥发性强，气味较大，可能会使用对人体有害的有机溶剂，且干燥速度慢，金属含量高，过高的金属含量会对人体造成一定的伤害。

指甲油颜色的选择。所有有颜色的指甲油大概可以分为两类，即珠光色和亚光色。珠光色指甲油是由于在有色指甲油中添加了云母成分（一种天然的矿物质），所以光泽绚丽，亮度较大；亚光色指甲油颜色纯净，不含任何闪光光泽。

年轻女性对颜色的选择范围很大，可以根据服饰、个性、职业等因素选择不同颜色的指甲油，30 岁以上的成熟女性宜选择色泽淡雅的珍珠色系指甲油来衬托气质。

护发美发类化妆品

头发主要是由角蛋白组成，从元素角度来看，含有碳、氢、氧、氮和少量的硫元素（约 4%）。头发水解后可得到 18 种氨基酸，其中含量最高的是胱氨酸，约占 17%。因头发遇碱表皮层会张开、分裂，头发变得粗糙、多孔，遇弱酸表皮层会合拢。当头发保持自然的 pH 在 4.5~5.5 时，头发质感佳、有光泽，容易达到烫整染的效果。

头发的类型由头发的天然状态决定，即由身体产生的皮脂量决定，不同的发质有不同的特性。了解头发的性质，是护理头发的第一步。

⊙ 中性发质

中性发质是最完美的发质，具体表现为柔滑光亮，整好头发后不容易变形，这种头发既不油腻也不干枯，油脂分泌正常，日常只要做一般的保养，头发便能保持最佳状态。

⊙油性发质

发丝油腻，发根易出现油垢，头皮如厚鳞片般积聚在发根，容易头痒。由于皮脂分泌过多，而使头发油腻，大多与荷尔蒙分泌紊乱、遗传、精神压力大、过度梳理以及经常进食高脂食物有关，这些因素可使油脂分泌增加。

⊙ 干性及受损发质

油脂少，头发干枯、无光泽、容易打结或松散，头皮干燥、容易有头皮屑。特别在浸湿的情况下难于梳理，通常头发根部颇稠密，但至发梢则变得稀薄，有时发梢还开叉。头发僵硬，弹性较低，其弹性伸展长度往往小于25%。干性发质是由于皮脂分泌不足或头发角蛋白缺乏水分。

⊙混合性发质

头皮油但头发干，是一种靠近头皮1cm左右的发很多油，越往发梢越干燥甚至开叉的混合状态。处于行经期的妇女和青春期的少年多为混合型头发，此时头发处于最佳状态，而体内的激素水平又不稳定，于是出现多油和干燥并存的现象。此外，过度进行烫发或染发，又护理不当，也会造成发丝干燥但头皮仍油腻的发质。

毛发用化妆品，包括清洁毛发用化妆品以及保护、美化、营养、治疗毛发用化妆品。专门用于清洁毛发用的化妆品称为洗发水或洗发香波。保护毛发用化妆品有发油、发蜡、发乳、爽发膏、护发素、发膜等，美化用化妆品有烫发剂、染发剂、发胶、摩丝、定型发膏等，治疗毛发化妆品有去屑止痒香波、防脱发香波等。

认清自己的发质，选用真正适合自己的洗发、护发方法，对头发的健康美观很重要。

香水

香水能对我们的心情起到相当大的作用，只要用少许，就能将我们带入不同的心境，使我们变得更加自信，更加浪漫与优雅。

⊙ 香水的分类

香水类化妆品的香型很多，而且由于气味的不确定性以及容易受到周围因素干扰影响，所以一直以来香水没有一个全体认可的、严谨的香型分类体系，长久以来，香水香型的分类以四分法和七分法最具代表性。

四分法，即花香型、东方香型、柏香型、馥香型。七分法，即单花型、混合花型、植物型、香料型、柑橘型、东方型和森林型。

⊙ 香水的等级

香水之所以有香味，是因为含有各种不同的香精，依据香精含量的不同被划分为五种等级，在标识上有不同的标注。

浓香水。香精含量为20%以上，最为高级的香水，香气十分持久，持续时间可达7~9小时，使用时只需极少量轻轻抹在皮肤上。

香水。香精含量为12%~20%，持续时间为6~8小时。

淡香水。香精含量为8%~12%，持续时间为4~6小时，是目前消费量最大的香水种类，而且容量大，香型多种多样。

古龙水。香精含量为4%~8%。持续时间为3~4小时，男性香水多半属于此等级。

花露水或清凉水。香精含量为1%~3%，市面上的剃须水、香水剂等都属于这一等级，可给人带来神清气爽的感觉，但留香时间较短。

⊙ 香水的选择

香水的选择可以从它的色泽、包装、香味和适合的场合来考虑。

香水的色泽。优质的香水必须是清澈透明、清晰度高的液体，无任何沉淀。一般来说，香水的色泽是根据它想要表达的感觉来确定的，可以根据自己的气质以及想要传达的感觉来选择，如紫色香水给人以艳丽优雅的印象。

香水的包装。香水的促销常常要靠香水商品的视觉形象，包装精细之处往往体现了商品的内在质量。选购时要注意香水瓶的密封情况，以及外包装的完整情况。

香水的香味及适合的场合。优质的香水香味纯正，并能保持一段时间。无刺鼻的酒精气味及其他令人不愉快的气味。香水在调制之初就选定了它适合的场合、季节。比如：夏天炎热潮湿，要选择气味清新、挥发性较强的香水，中性感觉的青涩植物香和天然草木清香都是理想的选择；在约会时可选用柑橘水果和苔类香草为原料的香水，这种香水含有令人增添吸引力的荷尔蒙成分。

化妆品的选购与保存以及滥用化妆品的危害

目前市面上的化妆品品种繁多，良莠不齐，如果消费者缺乏选择化妆品的基本常识和经验，将会无从下手，往往会选择不到合适的化妆品，如果再加上保存不当，有可能会对人体健康产生危害，引起不良反应。

化妆品的选购

在选购化妆品时，可遵循下列原则。

⊙ 了解并熟悉化妆品的种类和用途

在选购化妆品前，对所要购买的化妆品类别要有一个清晰的认识，并了解它的优缺点。化妆品的种类按功能可分为清洁类、基础类、美容类、发用类和特殊功能类化妆品；按年龄可分为婴儿用、青少年用、成人用以及中老年人用化妆品；按照剂型可分为液体类、乳液类、膏霜类以及粉类等化妆品。在选购化妆品时，应该根据自己的喜好和使用目的选择合适的化妆品。

⊙ 了解自己的肤质、发质和使用环境

为了能把化妆品的功效发挥到最大，就要做到“知己知彼”，除了了解化妆品本身，还要考虑到使用者和环境因素。依据皮肤类型：油性皮肤的人，要用爽净型的护肤品；干性肌肤的人，应使用富有营养的润泽性的护肤品；中性肌肤的人，应使用性质温和的护肤品。依据肤色：选用口红、眼影、粉底、指甲油等化妆品时，须与自己的肤色深浅相协调。依据季节：在寒冷季节，宜选用滋润、保湿性能强的化妆品；而在夏季，宜选用乳液或粉类化妆品。

⊙ 判断化妆品的质量是否达标

选择化妆品最重要的是看质量是否有保证。选择的化妆品必须是符合国家标准，特殊用途化妆品必须要取得国家卫生部的批准文号，无批准文

号者不能购买。

选择名厂、名牌的化妆品。因为名厂的设备好，产品标准高，质量有保证，而名牌产品一般也是信得过的产品，使用起来比较安全。但价格高的产品不一定就好，高档产品之所以贵，并不一定因为产品的成分特别高级或稀有，其研发和广告宣传费用也不一定比中低档产品高得多，从某种程度来说，它们贵仅仅因为市场定位如此。

看外表包装。我国相关法规规定，化妆品外包装必须标注：商品名称、生产企业的名称和地址（进口化妆品还应标明原产国名、地区名、制造者名称、地址或者经销商、进口商、在华代理商的名称和地址）、有效期标识（包括生产日期、保质期，或生产批号和限用使用日期）、卫生许可证号、批准文号或备案号（进口化妆品还需加贴检验检疫标志和中文标注 CIQ）、化妆品生产许可证号、产品标准号。购买化妆品时，须检查这些标识是否都一应俱全。

学会识别化妆品的质量。

从外观上识别：好的化妆品应该颜色鲜明、清雅柔和。如果发现颜色灰暗污浊、深浅不一，则说明质量有问题；如果外观浑浊、油水分离或出现絮状物，膏体干缩有裂纹，则不能使用。

从气味上识别：化妆品的气味有的淡雅，有的浓烈，但都很纯正。如果闻起来有刺鼻的怪味，则说明是伪劣或变质产品。

从感觉上识别：取少许化妆品轻轻地涂抹在皮肤上，如果能均匀紧致地附着于肌肤且有滑润舒适的感觉，就是质地细腻的化妆品。如果涂抹后有粗糙、发黏感，甚至皮肤刺痒、干涩，则是劣质化妆品。

化妆品的保存

化妆品应随用随买，不宜长期保存。化妆品一般保存期为三年，超过保质期的化妆品会失效，使用后有可能会伤害皮肤。

另外存放化妆品时，要注意将其置于室温、干燥、防晒、防潮、防冻的清洁卫生处。日光中的紫外线能破坏化妆品中的某些成分而使化妆品容易变质；潮湿的环境会降低外包装的密封性，使化妆品易被微生物污染而变质；高温和冰冻环境都会破坏膏霜的基质，使膏体变硬、油水分离而导致化妆品变质。

另外，还要保持化妆品容器的完整，暂时不用的化妆品不要去掉包装、不要启封，防止二次污染产生。日常使用化妆品时，取出来后的多余部分建议不要再放回容器中，以免污染容器内的化妆品。有些必须用手取出的化妆品，一定要在取之前把手洗干净，晾干后再去取。化妆品使用之后要把盖子盖紧，防止水分蒸发，或微生物入侵发生霉变。随后放置在平稳、干净、不易被碰倒的地方，以免包装破碎，污染化妆品。

滥用化妆品的危害

化妆品是以清洁和保养为使用目的，并能美化容貌、增加魅力的日常用品。但是，化妆品在带给人们美的同时，也有不少出现皮肤损伤的例子，严重者甚至会导致永久性的疤痕和脱发。究其原因，主要有以下几个方面。

⊙ 化妆品的原料有危害性

在已知的数万种物质中，约有1/4可损害皮肤或经皮肤吸收中毒。这些化学物质可直接以皮肤为靶器官，刺激皮肤，腐蚀皮肤，造成皮肤原发性损伤，如许多无机酸和碱、有机酸和碱、强氧化剂、金属及其盐类、有机溶剂等（表5-2）。

表5-2　化妆品原料对皮肤的损伤

主要致敏原料成分	化妆品举例	致病分类	诱发原因
表面活性剂 丙二醇	洗面乳、面膜按摩乳	原发刺激性皮炎（急性毒性、累积刺激）	使用方式错误；制品刺激

续表

主要致敏原料成分	化妆品举例	致病分类	诱发原因
香柠檬油	香水、花露水、洗手间用香水	光毒性皮炎	皮肤曝光部位使用了含光毒性成分的制品
染发剂、香料、色素、油剂、防腐剂、稳定剂、添加剂	所有化妆品	过敏性皮炎	含致敏成分的制品
香料、紫外线吸收剂、杀菌防腐剂	香水、防晒霜	光过敏性皮炎	含光致敏成分的制品
乙醇、鲸蜡醇、聚乙烯醇等	香水、喷发剂、漂白剂、指甲抛光剂	接触性荨麻疹	过敏；非过敏；机理不明
色素、香料、杀菌防腐剂、油剂	粉底、口红、香水等	色素沉着过多（黑皮病）	反复发生接触性皮炎
香料、杀菌防腐剂、油分	雪花膏、香水	色素脱失	发生接触性皮炎、光感性皮炎之后
油剂	粉底、雪花膏	化妆性痤疮	油性皮肤上使用油分多的制品
表面活性剂、肥皂	洗面乳、肥皂	皮肤异常干燥	干燥性皮肤使用脱脂力强的洗涤剂

我国已使用的化妆品的原料中有8000多种，选择不同的化学物质为原料，再按不同的比例配制就成了多种多样的化妆品，有危险性的化妆品原料主要如下。

香料。香料在化妆品中的用量很少，却是不可缺少的配合原料。由于天然资源有限，而且价格昂贵，所以以煤焦油或石油系列产品为原料，用化学方法合成的香料就代替了天然香料。一般化妆品、香皂、牙膏等所用香精大多是由10~30种香料配成，而香水的香精往往需要100种左右香料配成。目前在化妆品中使用的合成香料有500多种，这些化学物质可分为醇类、醛类、酮类及酯类等，其中不少是强致敏原，有些还容易变性而产生强刺激性物质。

油脂类、色素、紫外吸收剂、防腐剂以及其他特殊用途的添加剂。化学物质造成的危害，轻者则为皮肤的刺激性与过敏性炎症，重者造成皮肤慢性损害，甚至吸收中毒。

⊙ 皮肤易过敏者易引起过敏反应

在使用化妆品后，出现皮肤炎症反应，有的不是化妆品本身所致，而是使用者皮肤过敏所造成的。所以，有过敏史的人，一定要慎重选用化妆品，如对含有焦油系色素的美容化妆品、含某些香料及防腐剂的化妆品就要特别注意，初次使用时，要先在脸部以外的皮肤使用，不出现过敏情况才能使用。

⊙ 使用化妆品方法不当

浓妆艳抹。化妆品用得太多或同时使用多种化妆品，容易产生毒性的叠加，引起化妆品皮炎。如果涂得太厚，极易影响皮肤正常生理状态，从而损害皮肤健康。

皮肤清洁不当。使用化妆品前不洗净皮肤表面的污垢和微生物，以及卸妆不彻底，就容易引起皮肤表面微生物滋生，易患粉刺、暗疮。

经常使用磨砂膏或去死皮膏。过于频繁地使用磨砂膏与去死皮膏也易刺激皮肤，使皮肤的屏障功能损伤。

PART6 第六章 吃出来的健康——元素与营养

随着国民经济的发展，我们的生活越来越好，对饮食的需求已经从基本的有的吃、吃得饱，到了吃的营养、吃的健康。要保持健康的身体，不仅要了解我们身体所必须的营养元素，而且要清楚哪些是对身体有害的化学元素。饮食中的化学成分不可枚举，如何科学搭配是一门学问，本章我们讲探讨如何通过科学的饮食搭配来满足健康的需要。

化学元素与人体健康

人体是由化学元素组成的，构成地壳的 90 多种元素在人体内几乎都可找到，但并不是所有的元素都是人体所必需的。每一种必需元素在体内都有其合适的浓度范围，超过或不足都不利于人体健康。

常量元素

在人体中含量高于 0.01% 的元素，称为常量元素，包括碳、氢、氧、氮、钙、磷、钾、硫、钠、氯和镁 11 种元素，占人体重量的 99.9%。其中碳、氢、氧、氮4种元素占人体质量的99.6%，氧最多，占61%，这四种元素是构成人体中水分、糖类、脂肪、蛋白质和核酸的主要成分。

⊙ 钙

钙在人体内的含量约为人体重的1.7%，99%的钙存在于骨骼和牙齿中，血液中占0.1%。离子态的钙可促进凝血酶原转变为凝血酶，使伤口处的血液凝固。钙在其他多种生理过程中都有重要作用。比如：在肌肉的伸缩运动中，它能活化ATP酶，调控人体正常肌肉收缩和心肌收缩，如果血液中的钙太少，会造成神经和肌肉的超常激活，即便微小的刺激，如一个响声、咳嗽，就会使人陷入痉挛性抽搐。缺钙时，少儿会患软骨病；中老年人出现骨质疏松症（骨质增生）；受伤易流血不止。钙也是很好的镇静剂，它有助于神经刺激的传达，神经的放松，它可以代替安眠药使人容易入睡。缺钙时神经就会变得紧张，脾气暴躁、失眠。钙还能降低细胞膜的渗透性，防止有害细菌、病毒或过敏原等进入细胞中。钙还是良好的镇痛剂，能减少身体疲劳、加速体力的恢复。

成人对钙的日需要量推荐值为1.0g/日以上。奶及奶制品是理想的钙源，此外海参、黄玉参、芝麻、蚕豆、虾皮、干酪、小麦、大豆、芥末、蜂蜜等也含有丰富的钙。适量的维生素D_3及磷和合理的脂肪摄入量有利于钙的吸收，与此同时，每日保持适度的运动量也是促进钙吸收的关键因素。

钙的摄入量也不能太多，如果长期摄入过量的钙会造成神经传导和肌肉反应的减弱，从而导致身体浮肿、多汗、厌食、恶心、便秘、消化不良，同时也会影响视力和心脏功能。

⊙ 磷

成年人体内磷的含量约为720g，80%以不溶性磷酸盐的形式沉积于骨骼和牙齿中，其余主要集中在细胞内液中。磷酸根离子是细胞内液中含量最多的阴离子，是构成骨质、核酸的基本成分，既是肌体内代谢过程的储能和释能物质，又是细胞内的主要缓冲剂。

缺磷和摄入过量的磷都会影响钙的吸收，而缺钙也会影响磷的吸收。

每天摄入的钙、磷比为1.0~1.5最好，有利于两者的吸收。正常的膳食结构一般不会缺磷。

⊙ 镁

镁在人体中含量约为体重的0.05%，50%沉积于骨骼中，其次在细胞内部，血液中只占2%。

镁和钙一样具有保护神经的作用，是很好的镇静剂，严重缺镁时，会使大脑的思维混乱，丧失方向感，产生幻觉，甚至精神错乱。镁既能降低血液中的胆固醇，又能防止动脉粥样硬化，所以摄入足量的镁，可以防治心脏病。镁还是人和哺乳类动物体内多种酶的活化剂。人体中每一个细胞都需要镁，它对于蛋白质的合成、脂肪和糖类的利用及数百组酶系统都具有重要作用。因为多数酶中都含有维生素B_6，必须与镁结合，才能被充分的吸收利用。缺少维生素B_6和钙其中的任何一种都会出现抽筋、颤抖、失眠、肾炎等症状，因此镁和维生素B_6配合可治疗癫痫病。镁和钙的比例得当，可帮助钙的吸收，其适当比例为0.4~0.5。若缺少镁，钙会随尿液流失，若缺乏镁和维生素B_6，则钙和磷会形成结石（胆结石、肾结石、膀胱结石），即不溶性磷酸钙，这也是动脉硬化的原因之一。镁还是利尿剂和导泻剂。若镁过量也会导致镁、钙、磷从粪便及尿液中大量流失，从而导致肌肉无力、眩晕、丧失方向感、反胃、心跳变慢、呕吐甚至失去知觉。因此对钙、镁、磷的摄取都要适量，符合比例，才能有助于健康。

成人每日需摄入镁至少350mg，孕妇、哺乳期妇女为450mg，运动员和强体力劳动者为500~600mg。对一般人来说，比较适合的含镁丰富的食品有：蔬菜中的绿叶菜、蘑菇、茄子、萝卜等；水果中的葡萄、香蕉、柠檬、橘子等；粮食中的糙米、小米、新鲜玉米、小麦胚等；豆类中的黄豆、豌豆、蚕豆；水产中的紫菜、海参、苔条、鲍鱼、墨鱼、鲑鱼、沙丁鱼、贝类等。另外，零食中的松子、榛子、西瓜子也是高镁食品。而脂肪类食物、白糖则含镁较少。因此，多吃粗粮、蔬菜、坚果和水果，就可以有效增加镁的摄入量。

如果每天摄入的镁超过生理需要，一般情况下，过剩的镁绝大多数会从肾脏排出，随粪便排出的较少。药物补镁适用于心脏病、高血压、高血脂、高血糖、骨质疏松等患者，不过必须在医生指导下合理服用。

⊙ 钠、钾、氯

钠、钾、氯分别占体重的0.15%、0.35%、0.15%，钾主要存在于细胞内液中，钠则存在于细胞外液中，而氯则在细胞内、外体液中都存在。这三种物质能使体液维持接近中性和决定组织中水分多寡。钠离子（Na^+）在体内起钠泵的作用，调节渗透压，给全身输送水分，使养分从肠中进入血液，再由血液进入细胞中。它们对于内分泌也非常重要，钾有助于神经系统传达信息，氯用于形成胃酸。这三种元素每天均会随尿液、汗液排出体外，健康人每天的摄取量与排出量大致相同，保证了这三种元素在体内的含量基本不变。

钾主要由蔬菜、水果、粮食、肉类供给，而钠和氯则由食盐供给。人体内的钾和钠必须彼此均衡，过多的钠会使钾随尿液流失，过多的钾也会使钠严重流失。钠会促使血压升高，因此，摄入过量的钠会患高血压症，而且具有遗传性。钾可激活多种酶，对肌肉的收缩非常重要，没有钾，糖无法转化为能量或储存在体内的肝糖中（为新陈代谢提供能量的物质），肌肉无法伸缩，就会导致麻痹或瘫痪。此外，细胞内的钾与细胞外的钠，在正常情况下能形成平衡状态，当钾不足时，钠会带着许多水分进入细胞内使细胞胀裂，形成水肿；缺钾还会导致血糖降低；而没有充足的镁会使钾脱离细胞，排出体外，导致细胞产生缺钾而使心脏停止跳动。在美国一项调查发现，50岁以下猝死于心脏病的人大多是由于心肌细胞内缺钾所致，所以建议每天钾、钠、镁、钙都应均衡摄入，才有助于身体的健康。

微量元素

人体中含量低于0.01%的元素，如铁、锌、铜、锰、铬、硒、钼、钴、氟等，称为微量元素。微量元素虽然在人体内的含量不多，但与人的生存和健康息息相关，对人的生命运动起着至关重要的作用。它们的摄入过量、不足、不平衡都会不同程度地引起人体生理的异常或引发疾病。

⊙铁

铁是人体内含量最多的微量元素，一个成年人全身含铁3~5g。铁是人体需要量最多的微量元素，大部分以血红蛋白的形式存在于红细胞中，另一部分是人体肌肉和含铁酶的构成成分之一。

血红蛋白是红细胞的主要成分，负责携带氧气运送到全身各处，供新陈代谢所需。如果铁供给不足，血红蛋白的合成就会受到影响，人就会患贫血，医学上叫营养性缺铁性贫血，是儿童的一种常见病。对婴儿来说，由于母乳中铁含量较低，胎儿期从母体获得并储存在体内的铁会在生后6个月左右消耗完毕，如果辅食添加不及时，婴儿会在出生6个月左右开始发生铁缺乏症，进而出现贫血症状。对于成年人来说，由于人体内有一定量的铁储备，当每天摄入的铁数量不足时，并不会立即发生贫血。当储备的铁用完，开始向贫血的倾向发展时，也不会立即出现贫血症状，甚至多数人连自已都察觉不到什么问题。当病人到医院就诊时，病情一般都已发展到了中度贫血。因此，经常注意铁的补充，并使体内有一定数量铁的储备，以保证身体的健康。

补铁的食物以动物肝脏、血和肉最佳，因为这些食物中的铁，是以血红素形式存在的，最容易被吸收，其吸收率一般为22%，最高可达25%。植物中所含的铁，大多是以植酸铁、草酸铁等不溶性盐的形式存在，所以难以被人吸收、利用，其吸收率一般在10%以下。

⊙锌

锌是一种人体不可缺少的微量元素，是人体内许多酶的重要组成成分。成人体内锌含量为2.0~2.5g，是仅次于铁的必需微量元素。它广泛存在于体内各个组织和器官，其中约60%在肌肉，30%在骨骼。但人体内没有特殊的锌储存机制，也就是说，锌不能像能量一样储存在脂肪细胞里。锌的主要功能如下。

体内金属酶的组成成分和激活剂。人体内约有200多种含锌酶，这些酶在参与组织呼吸、能量代谢及抗氧化过程中发挥着重要的作用，当锌缺乏时就会使酶的活性下降，进而影响整个机体的代谢活动。

促进机体的生长发育和组织再生。人体蛋白质的合成及细胞的生长、分裂和分化等过程中都需要锌的参与，因此缺锌可引起RNA、DNA及蛋白质的合成障碍，细胞分裂减少，生长停止。缺锌的儿童生长发育会出现停滞而导致侏儒症，不论成人还是儿童，在缺锌状态下都会出现创伤组织愈合困难。另外，锌对胎儿生长发育、促进性器官和性功能发育均具有重要调节作用。

促进机体免疫功能。锌与维持人体正常的免疫功能有密切关系，缺锌可引起胸腺萎缩、胸腺激素减少、T细胞功能受损及细胞介导的免疫功能改变，使人体免疫力降低，易发生感染。

增进食欲。锌可与唾液蛋白结合成味觉素增进食欲，当人体缺锌时，会引起味觉迟钝和食欲显著减退，甚至发生异食癖。

其他。锌对促进皮肤健康、防止皮肤粗糙和上皮角化及保护视力等均发挥着重要作用。

锌必须从外环境中摄取，因此，食物中锌含量与可利用情况就很重要。植物性食物中锌含量不仅低于动物性食物，而且常与植物酸结合成配合物而妨碍吸收。成人每日适宜摄入量为10~15mg，富含锌的食物有：动物的肝脏、鲜肉、蛋类、鱼、牡蛎、蛤蚌等。

⊙ 碘

碘是人体内含量极少，但其生理功能别无替代的必需微量元素，健康成人体内的碘的总量为18mg左右。碘是合成甲状腺激素的原料，缺碘可导致甲状腺激素的合成和分泌减少，而甲状腺激素又是人脑发育所必需的内分泌激素。如果怀孕期间缺碘会导致胎儿发育不正常，严重时会生出低能儿、畸形儿，甚至胎死腹中。一般人缺碘会造成甲状腺肿大，肿大的甲状腺消耗更多的碘，使甲状腺细胞分解，而降低分泌甲状腺素的功能，就会使人感到疲倦、懒散、畏寒、性欲减退、脉搏减缓、低血压。轻微缺碘与甲状腺癌、高胆固醇及心脏病致死都有很大关系。富含碘的食物有海鱼、海藻类（海带、紫菜），加碘食盐是每天补充碘的主要来源。

⊙ 氟

人体中含氟量约为2.6g，主要分布在骨骼与牙齿中，其生理功能是防止龋牙和老年骨质疏松症。氟又是一种积累性毒物，体内含量高时会发生氟斑牙，长期较大剂量摄入时会引发氟骨病，骨骼变形、变脆、易折断。过量的氟还能损伤肾功能。每人每天摄入推荐量为2~3mg。海味、茶叶中含有丰富的氟，含氟为0.5~1.0mg/L的生活饮水是供给氟的最好来源。

⊙ 铜

铜是铁的助手，促进肠道对铁的吸收，因此铜对血红蛋白的合成起重要的作用，缺铜也会导致缺铁性贫血；铜对于许多酶系统和核糖核酸的制造有重要的作用，它也是细胞核的一部分。铜有助于骨骼、大脑、神经、结缔组织的发育，缺铜会造成骨质疏松、皮疹、脱毛、心脏受损，还会使毛发黑色素丧失、动脉弹性降低。体内铜/锌比值降低时，会引起胆固醇代谢紊乱，产生高胆固醇血症，易发生冠心病和高血压。铜也具有一定毒性，摄入过量会发生急慢性中毒，可导致肝硬化、肾受损、组织坏死、低血压。

世界卫生组织建议日摄入量，成年人30μg/kg体重，少年40μg/kg体重，婴儿80μg/kg体重。海米、茶叶、葵花籽、西瓜籽、核桃、肝类含有丰富的铜，在未使用化肥的土壤中栽种的植物食品也含较多的铜。

⊙ 锰

锰是人体必需微量元素，以离子形式存在于体内，总含量仅有12~20mg。主要分布在肌肉、肝脏、肾脏和大脑内。人体所摄取的锰在肠道内被吸收，但吸收率仅有3%。锰在体内经过营养代谢后，绝大部分经由肠道排泄。锰是人体内多种酶的成分，与人体健康的关系十分密切，因此有人将锰称作“益寿元素”。近年来的研究表明，体内的超氧化物歧化酶（SOD）

具有抗衰老作用，而此酶内就含有锰。缺锰会引起胎儿骨骼异常、发育迟缓及畸形，还会使人体免疫力降低，全身肌肉无力，营养不良，动作不协调。

中国营养学会制订了锰的“安全和适宜的摄入量”参考指标，6个月以内婴儿每人每天0.5~0.7mg，1岁以内0.7~1.0mg，1岁以上1.0~1.5mg，4岁以上1.5~2.0mg，7岁以上2.0~2.5mg，11岁以上至青年及成年每人每天均为2.0~3.0mg。含锰丰富的食物有糙米、米糠、香料、核桃、花生、麦芽、大豆、土豆、向日葵籽等。

⊙ 铬、硒、镍、钒、钼、硅、锡

铬、硒、镍、钒、钼、硅、锡都是人体需要的微量元素。铬是维持人体内葡萄糖正常含量的关键元素，它可以提高胰岛素的效能，降低血清胆固醇含量，对预防和治疗糖尿病、冠心病有明显功效；硒参与人体组织的代谢过程，对预防克山病、肿瘤和心血管疾病、延缓衰老方面都有重要作用。镍是血纤维蛋白溶酶的组成成分，具有刺激生血机能的作用，能促进红细胞的再生；钒可促进牙齿矿化坚固；钼激活黄素氧化酶、醛氧化酶；硅是骨骼软骨形成初期所必需的元素；锡直接影响机体的生长。

环境不受严重污染时，通过食物链进入体内的量基本不变，不会对人体造成危害，若环境遭受严重污染，或长期接触污染源，这些元素就会在人体内积累，当达一定量时会对机体产生各种毒害作用，甚至致癌。

有害元素

汞、镉、铅、砷、银、铝、铬（六价）、碲等元素在人体中有少量存在。这些元素每天都从食物、呼吸、饮水等渠道少量进入人体，当然也通过排泄系统排出体外。到目前为止还未发现这些元素在体内有什么生理作用，而它们的毒性作用却发现了不少。

⊙ 汞

汞是一种蓄积性毒物，在人体内排泄缓慢，最毒物质是甲基汞，会损害神经系统，尤其是大脑和小脑的皮质部分，表现为视野缩小、听力下降、全身麻痹、严重者神经紊乱以致疯狂痉挛而致死。

⊙ 镉

镉主要通过消化道与呼吸道摄取被镉污染的水、食物、空气进入人体。镉在人体的积蓄作用，潜伏期可长达10~30年。进入人体中的镉，主要累积在肝、肾、胰腺、甲状腺和骨骼中，使肾脏器官等发生病变，并影响人的正常活动，造成贫血、高血压、神经痛、骨质松软、肾炎和分泌失调等病症。

⊙ 铅

铅是对人体危害极大的一种重金属，它对神经系统、骨骼造血功能、消化系统、男性生殖系统等均有危害。特别是大脑处于神经系统敏感期的儿童，对铅有特殊的敏感性。研究表明，儿童的智力低下发病率随铅污染程度的加大而升高。儿童体内血铅每上升10μg/100mL，儿童智力则下降6~8分。

⊙ 砷

砷可在体内积蓄而导致慢性中毒，无机砷化合物可引发肺癌和皮肤癌。

⊙ 银

银在人体内大量积蓄可引起局部或全身银质沉着，表现为皮肤、黏膜及眼睛出现难看的灰蓝色色变，有损面容，但到目前为止还未发现有生理作用或病理的变化。

⊙ 铝

铝进入神经核后，影响染色体，老年性痴呆症患者的脑中有高浓度的铝。铝能把骨骼中的钙置换出来，使骨质软化，把酶调控部位上的镁置换出来而抑制酶的活性，还会降低血浆对锌的吸收，健康人对铝的吸收很少，而肾功能受损者对铝的吸收较高。

⊙ 六价铬

六价铬是致癌物。

⊙ 碲

长期与碲接触，肝脏、肾脏和神经功能都会受到损害。

除了上述元素之外，人体中还发现了30多种到目前为止还不知其生理功能或病理损害的元素。

营养与健康的化学

人类为了维持生命与健康，保证身体的生长发育和从事各项劳动，必须每天从食物中摄取一定量的营养物质，除氧以外人体还需要水、糖类、脂类、蛋白质、无机盐、维生素和纤维素等七大营养物质。

糖类

糖也称为碳水化合物，是自然界中存在最多的一类有机化合物，是植物光合作用的产物，如葡萄糖、果糖、淀粉、纤维素等。糖是一切生物体维持生命活动所需能量的主要来源，糖类提供给人体所需能量的60%，脂肪提供25%，蛋白质提供15%。

含淀粉较多的食物有大米、小麦、土豆、玉米和高粱等农作物。在人体内的淀粉首先在淀粉酶的作用下发生水解反应，得到麦芽糖，麦芽糖在酸催化下水解，得到葡萄糖，血液中的葡萄糖称为血糖。体内血糖浓度是反映机体内糖代谢状况的一项重要指标。正常情况下，血糖浓度是相对恒定的。正常人空腹血浆葡萄糖浓度为3.9~6.1mmol/L。空腹血浆葡萄糖浓度高于7.0mmol/L称为高血糖，低于3.9mmol/L称为低血糖。血糖浓度下降，首先影响中枢神经系统能量代谢导致生理功能障碍；成熟的红细胞没有线粒体，只能进行糖酵解，因此血糖成为红细胞的唯一能源。血糖浓度下降，影响红细胞运送氧的能力。人体过度饥饿时，感到头昏眼花就是由以上原因导致的。

糖可以调节食物的味道，增加食欲。但糖的摄取量要适度，糖和甜品吃得过多，非但无益，而且有害。

食糖过多的危害主要有以下几个方面。①糖类摄取过多很容易导致肥胖、心脏病及高血压等。②糖与近视。糖在体内代谢需要维生素 B_1 的参与，若糖的摄入量过多，则维生素 B_1 的消耗量相应增加。后者一旦供应量不足，视觉神经很容易发生炎症。而体内过量的糖又使得体内钙缺乏，致使眼膜的弹性降低，最终演化为近视眼，严重的会导致失明。③糖越多，转化为脂肪的可能性就越大，而脂肪的大量产生，致使皮脂分泌增加。过多的皮脂对溢脂性皮炎、化酸性皮肤病的发生和治疗都很不利。④常吃甜食，为牙齿空腔内细菌提供了生长繁殖的良好条件，容易被乳酸菌利用产生酸，使牙齿脱钙，容易发生龋齿。

脂类

脂类是油、脂肪、类脂的总称。食物中的油脂主要是油和脂肪，一般把常温下是液体的称为油，而把常温下是固体的称为脂肪。脂肪所含的化学元素主要是碳、氢、氧，部分还含有氮、磷等元素。所有的细胞都含有磷脂，它是细胞膜和血液中的结构物，在脑、神经、肝中含量特别高，卵磷脂是膳食和体内最丰富的磷脂之一。

随着生活水平的提高，饮食中脂类的比例越来越高，为了预防血脂过高，我们在日常生活中应该注意饮食结构。我国营养学会建议膳食脂肪供给量不宜超过总能量的30%，其中饱和、单不饱和、多不饱和脂肪酸的比例应为1∶1∶1。在日常饮食中应该注意要尽量以植物油代替动物脂肪，饮食要以植物性食物为主。

蛋白质

蛋白质是化学结构复杂的一类有机化合物，是人体的必需营养素。蛋白质是细胞组分中含量最为丰富、功能最多的高分子物质，在生命活动过程中起着各种生命功能执行者的作用，几乎没有一种生命活动能离开蛋白质。蛋白质是一切生命的物质基础，是机体细胞的重要组成部分，是人体组织更新和修补的主要原料。蛋白质分解后可以为人体提供能量，蛋白质是人体的重要供能物质。

⊙ 蛋白质的生理功能

此外，免疫细胞和免疫蛋白有白细胞、淋巴细胞、巨噬细胞、抗体（免疫球蛋白）、补体、干扰素等，这些细胞和生理调节物质构成了人体内的“保安部队”，维护身体的安全，它们每七天需要更新一次。当蛋白质充足时，这支“部队”就很强大，而且一旦身体有需要时，这支“部队”几小时内可以增加100倍。

⊙ 蛋白质的选用

保证优质蛋白质的补给关系到身体健康，那么怎样选用蛋白质才既经济又能保证营养呢？

保证有足够数量和质量的蛋白质食物。根据营养学家研究，一个成年人每天通过新陈代谢大约要更新300g以上蛋白质，其中3/4来源于机体代谢中产生的氨基酸，这些氨基酸的再利用大大减少了需补给蛋白质的数量。一般地讲，一个成年人每天摄入60~80g蛋白质，基本上已能满足需要。

各种食物合理搭配。每天食用的蛋白质最好有1/3来自动物蛋白质，2/3来源于植物蛋白质。我国人民有食用混合食品的习惯，把几种营养价值较低的蛋白质混合食用，其中的氨基酸相互补充，可以显著提高营养价值。比如，谷类蛋白质含赖氨酸较少，而含蛋氨酸较多；豆类蛋白质含赖氨酸较多，而含蛋氨酸较少。这两类蛋白质混合食用时，氨基酸相互补充，接近人体需要，营养价值大为提高。

每餐食物都要有一定质和量的蛋白质。人体没有为蛋白质设立储存仓库，如果一次食用过量的蛋白质，势必造成浪费。相反如食物中蛋白质不足时，青少年会发育不良，成年人会感到乏力，体重下降，抗病能力减弱。

食用蛋白质要以足够的热量供应为前提。如果热量供应不足，肌体将消耗食物中的蛋白质来作能源，用蛋白质作能源是一种浪费。

蛋白质的主要食物来源是畜、禽肉及内脏、蛋、奶和鱼类。我国膳食结构中谷类所占比例较大，由谷类提供的蛋白质也占相当大的比例。从营养的角度说，由膳食提供的蛋白质不仅要满足数量要求，还要保证蛋白质的质量。在满足生理需要的足够数量的膳食蛋白质供给前提下，至少优质蛋白质应占1/3，而正在生长发育阶段的儿童应保证优质蛋白质达到1/2以上。

维生素

维生素又名维生素（Vitamin），通俗地讲，即维持生命的元素，是维持人体生命活动必须的一类有机物质，也是保持人体健康的重要活性物质。维生素的种类很多，化学结构各不相同，大多数是某些酶的辅酶（或辅基）的组成成分，在体内起催化作用，促进主要营养素（蛋白质、脂肪、碳水化合物等）的合成和降解，从而控制代谢。维生素本质为低分子有机化合物，它们不能在体内合成，或者所合成的量难以满足机体的需要，所以必需由外界供给。

⊙ 各类维生素的功能

维生素A。维生素A是不饱和的一元醇类，属脂溶性维生素，是最早被发现的维生素。由于人体或哺乳动物缺乏维生素A时易出现干眼病，故又称为抗干眼醇。已知维生素A有A_1和A_2两种，维生素A_1存在于动物肝脏、血液和眼球的视网膜中，又称为视黄醇，天然的维生素A主要以这种形式存在。维生素A_2主要存在于淡水鱼的肝脏中。

维生素A在体内的生理功能主要表现在以下几个方面：①维持视力；②促进生长与生殖；③维持上皮结构的完整与健全；④加强免疫能力；⑤清除自由基。

当人体内维生素A缺乏时可导维生素A缺乏症，具体表现为：①暗适应能力下降，夜盲，结膜干燥及干眼病，出现角膜软化穿孔而致失明；②黏膜、上皮病变；③生长发育受阻，易患呼吸道感染；④味觉、嗅觉减弱，食欲下降；⑤头发枯干、皮肤粗糙、毛囊角化，记忆力减退，心情烦躁及失眠。

维生素A的来源主要有两类。一类是维生素A原，即各种胡萝卜素，存在于植物性食物中，如绿叶菜类、黄色菜类以及水果类，含量较丰富的有菠菜、苜蓿、豌豆苗、红心甜薯、胡萝卜、青椒、南瓜等；另一类是动物性食物的维生素A，是能够直接被人体利用的维生素A，主要存在于动物肝脏、奶及奶制品（未脱脂奶）和禽蛋中。鱼肝油是商业上维生素A的最丰富来源。

成年人每日需要0.8mg维生素A，即80g鳗鱼、65g鸡肝、75g胡萝卜、125g皱叶甘蓝或200g金枪鱼都能满足人体需要。维生素的摄入量也不能过多，如果每天摄入3mg维生素A，就有导致骨质疏松的危险。长期每天摄入大于3mg维生素A会使食欲不振、皮肤干燥、头发脱落、骨骼和关节疼痛，甚至引起孕妇流产。

维生素B。维生素B族有12种以上，被世界一致公认的有9种，全是水溶性维生素。维生素B在体内滞留的时间只有数小时，必须每天补充。最常见的维生素B家族成员包括维生素B_1、维生素B_2、维生素B_3、维生素B_6、维生素B_{11}、维生素B_{12}等。

维生素B_1。1897年荷兰医生发现食用精米可导致脚气病，主要是因为缺乏维生素B_1，所以B_1也叫作抗脚气病维生素。抽烟、喝酒、爱吃砂糖的人要增加维生素 B_1 的摄取量。

维生素 B_2。当患有口角炎时医生常常会要患者服用核黄素，也就是维生素 B_2。维生素 B_2 具有一种特殊的气味，是蚊子最讨厌的维生素，因而具有一定程度的驱蚊效果。成年人每天应摄入 2~4mg，它大量存在于谷物、蔬菜、牛乳和鱼等食品中。

维生素 B_3（烟酸）。它不但是维持消化系统健康的维生素，也是性荷尔蒙合成不可缺少的物质。对生活充满压力的现代人来说，烟酸是维系神经系统健康和脑机能正常运作的功效，也绝对不可以忽视。严重缺乏时会引起神经、皮肤、消化道发生病变，表现为皮炎、腹泻和痴呆。

维生素 B_6。有抑制呕吐、促进发育等功能，缺少它会引起呕吐、抽筋等症状。人体每日需要 1.5~2.0mg。食物中含有丰富的维生素 B_6，且肠道细菌也能合成，所以人类很少发生维生素 B_6 缺乏症。

维生素 B_{11}（叶酸）。孕妇对叶酸的需求量比正常人高 4 倍。孕早期是胎儿器官系统分化、胎盘形成的关键时期，细胞生长、分裂十分旺盛。此时叶酸缺乏可导致胎儿畸形，因此，孕妇和哺乳妇女尤其要注意增加摄取量。

维生素 B_{12}。即抗恶性贫血维生素，又称钴胺素，含有金属元素钴，是维生素中唯一含有金属元素的，人体对维生素 B_{12} 的需要量极少，人体每天约需 12μg，人在一般情况下不会缺少。

维生素 C。维生素 C 又叫 L- 抗坏血酸，是一种水溶性维生素，能够治疗坏血病并且具有酸性。在柠檬汁、绿色植物及番茄中含量很高。由于维生素 C 在人体内的半衰期较长（大约 16 天），所以食用不含维生素 C 的食物 3~4 个月后才会出现坏血病。维生素 C 能够捕获自由基，因此，能预防癌症、动脉硬化、风湿病等疾病。此外，它还能增强免疫力，对皮肤、牙龈和神经也有好处。研究表明，每天吃新鲜水果，特别是柑橘类水果，胃癌、食管癌、口腔癌、咽癌及宫颈癌的发病率会大大降低；还有些研究指出，含维生素 C 丰富的水果有助于预防结肠癌和肺癌。富含维生素 C 的食物列表见表 6-1。

成人及孕早期妇女维生素C的推荐摄入量为每天100mg，中、晚期孕妇及乳母维生素C的推荐摄入量为每日130mg。

表6-1 富含维生素C的食物

排名	食物	分量（g）	数量	维生素C量（mg）
1	樱桃	50	12粒	450
2	番石榴	80	1个	216
3	红椒	80	1/3个	136
4	黄椒	80	1/3个	120
5	柿子	150	1个	105
6	青花菜	6	1/4株	96
7	草莓	100	6粒	80
8	橘子	130	1个	78
9	芥蓝菜花	60	1/3株	72
10	猕猴桃	100	1个	68

维生素D。维生素D为类固醇衍生物，属脂溶性维生素。维生素D与动物骨骼的钙化有关，故又称为钙化醇。它具有抗佝偻病的作用。在动物的肝、奶及蛋黄中含量较多，尤以鱼肝油含量最丰富。每天的需求量0.0005~0.01mg。即35g鲱鱼片，60g鲑鱼片，50g鳗鱼或2个鸡蛋加150g蘑菇，就可以满足人体的需要。阳光照射在皮肤上，身体就会产生维生素D，这部分维生素D占身体维生素D供给的90%。只有休息少的人，才需要额外吃些含维生素D的食品或制剂。维生素D缺乏会导致少儿佝偻病和成年人的软骨病。症状包括骨头和关节疼痛、肌肉萎缩、失眠、紧张以及痢疾腹泻。

有些人群需要更多的维生素D：① 住在都市的人，特别是居住在浓烟污染的地域的人；② 因生活方式而不能充分晒到阳光的人；③ 正服用抗痉挛的药物的患者；④ 饮用未添加维生素D牛奶的小孩；⑤ 皮肤颜色较黑且住在北方的人。

维生素E。维生素E是一种脂溶性维生素，又称生育酚，是最主要的抗氧化剂之一。生育酚能促进性激素分泌，使男子精子活力和数量增加；使女子雌性激素浓度增高，提高生育能力，预防流产，还可用于防治男性不育症、烧伤、冻伤、毛细血管出血、更年期综合征，且在美容等方面有很好的疗效。近年来还发现维生素 E 可抑制眼睛晶状体内的过氧化脂反应，使末梢血管扩张，改善血液循环。缺乏维生素 E，会发生皮肤发干、粗糙、过度老化等不良后果。

成人的维生素 E 供给量为每日 15mg。富含维生素 E 的主要是坚果类食物，如花生、核桃、芝麻以及瘦肉、乳类、蛋类、麦芽等。

⊙ 是什么“偷走”了维生素

我们常常会听到人们发出这样的感慨：明明自己的锻炼强度也达到了标准，睡眠时长也符合科学的要求，饮食结构也十分的健康，但是，维生素缺乏的问题依然难以避免。那么，在人的机体中，谁将我们的维生素盗走了呢？维生素又被转移到了哪里？

计算机是“盗窃”维生素 A 的窃贼。在计算机面前坐着的时间如果超过 2 小时，维生素 A 就会被窃取，视神经在这一方面表现得更加明显，因为它受到感光的影响最为强烈。因此，经常使用计算机的人群就应该不断补充维生素 A，将流失的能量补充回来。

酒精是“盗窃”维生素 B 的窃贼。要想使体内的酒精全部代谢掉，离开了维生素 B 是根本不可能完成的，所以一个嗜酒如命的人一定会使维生素 B 严重缺失，一定要强化维生素 B 的摄入量。

香烟是“盗窃”维生素 C 的窃贼。香烟的一个重要成分就是焦油，而实验表明，焦油与维生素 C 是死敌，会将其大量耗损。被动吸烟者甚至要消耗比一手烟更多的维生素 C。因此，与香烟接触较多的人群一定要加大维生素 C 的摄取量。

大运动量也容易加速各种维生素的消耗。要想完成高强度的运动，就需要不少的能量作支撑，这样才能提升代谢水平。不过，代谢能力的增强就伴随着各种维生素的消耗。因此，一定要注意补充维生素或者吃一些维生素含片。

温度过高或者过低都会使维生素流失。在对人体体温进行调解的众多因素中，维生素扮演了十分重要的角色。因此，如果自身的身体不能很好地调解体温，就一定要注意恶劣环境中维生素的补充。

错误的摄取方式使“维生素”被浪费。以胡萝卜素为例来看，足量油烹、少量油烹、生吃这三种方式里，能够被机体吸收的胡萝卜素比率为85%、35%与15%。从上述数据可以看出，第一种方式是促进维生素吸收的最好方式。维生素在高温的情况下容易被分解，所以砂锅最容易导致食物中维生素的流失；与空气接触也容易使维生素氧化，所以蔬菜、新鲜水果与空气的接触时间不能过长，否则极容易导致维生素受损。淘洗大米、用水烧食的过程中也会使维生素A流失。

一些药物也会对维生素摄取产生影响。避孕药会影响维生素B_{12}的正常吸收，此外也不利于叶酸正常发挥作用；阿司匹林会影响维生素C的正常摄取，此外，还会加速其排出体外的速率；抗生素会影响维生素K的正常摄取，不利于肠胃的正常蠕动；感冒药会影响维生素A的正常摄取，它们会使其大量流失；磺胺类药物如果摄取过多，也不利于叶酸的正常吸收；利尿剂是高血压病人常用的药物，它的使用会加速维生素流失。

纤维素

纤维素存在于一切植物中，是构成植物细胞壁的基础物质。人类膳食中的纤维素主要含于蔬菜和粗加工的谷类中，虽然不能被消化吸收，但有促进肠道蠕动，加快粪便排泄，使致癌物质在肠道内的停留时间缩短，对肠道的不良刺激减少，从而可以预防肠癌的发生。

蔬菜中含有丰富的纤维素。含大量纤维素的食物有谷类、麸子、蔬菜、豆类等。因此，建议糖尿病患者适当多食用豆类和新鲜蔬菜等富含纤维素的食物。

实例　健康饮食

饮食平衡

科学地搭配膳食是营养学研究的中心课题。我国小康人家的“四菜（荤、素、半素半荤菜、开胃菜各一）一汤”以及粗细搭配的食谱与现代饮食改革的新趋势不谋而合。《中国居民膳食指南（2016）》是2016年5月13日由国家卫生计生委疾控局发布，为了提出符合我国居民营养健康状况和基本需求的膳食指导建议而制定的法规。更加强调食物的多样化与均衡，以及吃动平衡，其中核心内容包括六个方面，作为日常饮食的参考，均衡营养素配比，使您轻松与健康相伴。针对2岁以上的所有健康人群提出六条核心推荐，具体如下。

食物多样，谷类为主。每天的膳食应包括谷薯类、蔬菜水果类、畜禽鱼蛋奶类、大豆坚果类等食物。平均每天摄入12种以上食物，每周25种以上。每天摄入谷薯类食物250~400g，其中全谷物和杂豆类50~150g，薯类50~100g。食物多样、谷类为主是平衡膳食模式的重要特征。

吃动平衡，健康体重。各年龄段人群都应天天运动、保持健康体重。食不过量，控制总能量摄入，保持能量平衡。坚持日常身体活动，每周至少进行5天中等强度身体活动，累计150分钟以上；主动身体活动最好每天6000步。减少久坐时间，每小时起来动一动。

多吃蔬果、奶类、大豆。蔬菜水果是平衡膳食的重要组成部分，奶类富含钙，大豆富含优质蛋白质。餐餐有蔬菜，保证每天摄入300~500g蔬菜，深色蔬菜应占1/2。天天吃水果，保证每天摄入200~350g新鲜水果，果汁不能代替鲜果。吃各种各样的奶制品，相当于每天液态奶300g。经常吃豆制品，适量吃坚果。

适量吃鱼、禽、蛋、瘦肉 鱼、禽、蛋和瘦肉摄入要适量。每周吃鱼 280~525g，畜禽肉 280~525g，蛋类 280~350g，平均每天摄入总量 120~200g。优先选择鱼和禽。吃鸡蛋不弃蛋黄。少吃肥肉、烟熏和腌制肉制品。

少盐少油，控糖限酒。培养清淡饮食习惯，少吃高盐和油炸食品。成人每天食盐不超过 6g，每天烹调油 25~30g。控制添加糖的摄入量，每天摄入不超过 50g，最好控制在 25g 以下。每日反式脂肪酸摄入量不超过 2g。足量饮水，成年人每天 7~8 杯（1500~1700mL），提倡饮用白开水和茶水；不喝或少喝含糖饮料。儿童少年、孕妇、乳母不应饮酒。成人如饮酒，男性一天饮用酒的酒精量不超过 25g，女性不超过 15g。

杜绝浪费，兴新食尚。珍惜食物，按需备餐，提倡分餐不浪费。选择新鲜卫生的食物和适宜的烹调方式。食物制备生熟分开、熟食二次加热要热透。学会阅读食品标签，合理选择食品。

关注食品安全

⊙ 转基因食品

所谓转基因食品，指的就是利用先进的基因技术，将其他基因的产物与本物种结合在一起，将其准确嵌入其中，其中主要包含转基因植物食品、转基因动物食品和转基因微生物食品。就这一技术本身的引用而言是有利的，不仅能实现增产的目的，还能尽可能压缩成本；转基因技术的引用使得作物害病的可能减小；作物能够储存的时间也大大延长，使人们对于食品储存的需求得到了满足；开发作物的成本也不断降低，受外界因素的影响逐渐减小，季节适应性增强；新的物种被不断开发和研制出来，对人体的健康有不少益处。不过，目前不少国际机构开始研究转基因食品的利与弊，研究表明，转基因产品是否对人体健康有益还有待商榷。不少研究者对此表示还有待进一步研究，目前尚不能确定。

转基因食物的风险有哪些呢？目前主要有五个方面的风险：可能破坏

生物多样性，并造成生态灾难；可能产生新的病毒、疾病；可能降低食品的营养价值，使其营养结构失衡；可能对有益生物产生直接或间接的影响；可能导致一些非目标生物的不适应或消亡。

不管人们是否愿意接受转基因食品，不可否认的是，它现在已经悄然进入了我们的日常生活，“转基因大豆油”是目前中国市场上最常见的转基因食品，不少食用调和油中也含有转基因大豆成分。

为了保证食品安全，我国以法律的形式来对转基因生物进行管理。我国《农业转基因生物标识管理办法》规定国家对农业转基因生物实行标识制度。凡是列入标识管理目录并用于销售的农业转基因生物，应当进行标识；未标识和不按规定标识的，不得进口或销售。列入农业转基因生物标识目录的农业转基因生物，由生产、分装单位和个人负责标识；经营单位和个人拆开原包装进行销售的，应当重新标识。

在管理办法中规定，转基因农产品的直接加工品，标注为“转基因××加工品（制成品）”或者“加工原料为转基因××”。用农业转基因生物或用含有农业转基因生物成分的产品加工制成的产品，但最终销售产品中已不再含有或检测不出转基因成分的产品，标注为“本产品为转基因××加工制成，但本产品中已不再含有转基因成分”或者标注为“本产品加工原料中有转基因××，但本产品中已不再含有转基因成分”。

⊙ 有机食品与绿色食品

有机食品也称生态食品或生物食品（图6-1），是指来自有机农业生产体系，根据国际有机农副业生产规范加工，并通过独立的有机食品认证机构认证的一切农副产品，包括粮食、蔬菜、水果、奶制品、禽畜产品、蜂蜜、水产品、调料等。在美国，关于“有机食品”生产标准是：①在有机生产中禁止使用转基因物质、辐射和下水道淤泥；②在有机家畜饲养中禁止使用抗生素和

图6-1　有机食品和绿色食品标志

生长激素；③在有机家畜饲养中必须使用100%的有机饲料；④必须使用符合《国家允许使用的人造物质和禁止使用的天然物质清单》所规定的生产和加工材料；⑤任何农场必须在满3年中从未使用过被禁止的物质，才能被认证为有机生产农场；⑥任何屠宰的牲畜必须从其出生前两个月开始直至终生都处在有机方式饲养之中，才能被认证为有机牲畜；⑦有机牲畜必须在室外放养，反刍动物必须在牧场上放养。

绿色食品是我国农业部门推广的认证食品，分为A级和AA级两种。其中，A级绿色食品允许在生产过程中限量使用化学合成生产资料；AA级绿色食品则要求在生产过程中不使用化学合成的肥料、农药、兽药、饲料添加剂、食品添加剂和其他有害于环境和健康的物质。AA级绿色食品类似于有机食品，从本质上来讲，绿色食品是从普通食品向有机食品发展的一种过渡产品。

第七章 养成良好的生活习惯——认知茶、烟、酒

什么时候喝茶、喝什么茶、怎样喝茶才健康？吸烟对身体健康会产生什么负面影响？饮酒应该注意哪些问题？这些问题的答案都藏在茶、烟、酒的基本化学成分中，即知其所以然，由此可帮助我们做出最睿智的选择。

茶与健康

茶发于神农，闻于鲁周公，兴于唐朝，盛于宋代，现已成为开门七件事（柴米油盐酱醋茶）之一。

茶成为当今世界人民喜爱的饮品，不仅是因它具有独特风味，而且因为茶对人体有营养价值和保健功效。中国古代就有“一碗喉吻润，二碗破孤闷，三碗搜枯肠，唯有文字五千卷。四碗发轻汗，平生不平事，尽向毛孔散。五碗肌骨清，六碗通仙灵。七碗吃不得也，唯觉两腋习习清风生”。非常形象地描述了茶的药用功效。人体所需要的 80 多种元素，已查明茶叶中有 28 种之多，茶可谓是人体营养的重要补充源。茶对开发智慧、预防衰老，提高免疫功能，改善肠道细菌结构以及消臭、解毒方面的功效已被许多科学研究所证实，因此，它也是一种性能良好的机能调节剂。同时，茶还对多种疾病有一定的预防作用和辅助疗效。

茶的化学成分及功效

茶是由茶树芽加工而成的一种饮品，是山茶属植物。现已从茶叶的提取物中发现600多种化合物，具体成分及功效如下。

⊙茶多酚

茶多酚是茶叶中三十多种多酚类物质的总称，包括儿茶素、黄酮类、花青素和酚酸四大类物质。茶多酚的含量占干物质总量的20%~35%。而在茶多酚总量中，儿茶素约占70%，它是决定茶叶色、香、味的重要成分，其氧化聚合产物有茶黄素、茶红素等，对红茶汤色的红艳度和滋味有决定性作用。黄酮类物质又称花黄素，是形成绿茶汤色的主要物质之一，含量占干物质总量的1%~2%。花青素呈苦味，紫色芽中花青素含量较高，如果花青素过多，茶叶品质不好，会造成红茶发酵困难，影响汤色的红艳度；花青素过多对绿茶品质更为不利，会造成滋味苦涩、叶底青绿等弊病。茶叶中酚酸含量较低，包括没食子酸、茶没食子素、绿原酸、咖啡酸等。

茶多酚的药用作用主要有以下几种。

抗肿瘤效应。众多细胞实验和动物实验都证明了茶多酚对肝癌、鼻咽癌、前列腺癌等多种肿瘤有抑制作用。

抗氧化作用。茶多酚的化学结构中含有多个羟基，可有效地阻断体内的自由基连锁反应，从而抑制自由基的形成，起到抗氧化作用。

心血管系统的调节作用。茶多酚对心血管系统的疾病有较好的疗效，如降血脂、抗动脉粥样硬化；抗凝血、促纤溶、防止血栓形成；降压；改善血流变；对心肌有保护作用等。

抗菌、抑菌与抗病毒。茶多酚通过调节免疫球蛋白的量和活性，间接实现抑制或杀灭各种病原体、病菌和病毒的功效已经医学实验的证实。

抗辐射。茶多酚可吸收放射性物质，阻止其在人体内扩散。癌症病人在放化疗杀死癌细胞的同时，也杀伤了大量良性细胞，抑制骨髓的造血功能，致使人体白细胞和血小板不断减少，免疫能力减弱及其他不适反应。作为辅助治疗手段，茶多酚能够有效地维持白细胞、血小板、血色素水平的稳定；改善由于放化疗造成的不良反应；有效地缓解射线对骨髓细胞增重的抑制作用；有效地减轻放化疗药物对肌体免疫系统的抑制作用。

⊙ 氨基酸

茶叶中的蛋白质含量占干物质量的20%~30%，但能溶于水且能直接被人体吸收的蛋白质含量仅占1%~2%。茶叶中的氨基酸主要有茶氨酸、谷氨酸等25种以上，其中茶氨酸含量占氨基酸总量50%以上。氨基酸，尤其是茶氨酸是形成茶叶香气和鲜爽度的重要成分，对形成绿茶香气关系极为密切。

⊙ 生物碱

茶叶中的生物碱包括咖啡碱、可可碱和条碱。其中以咖啡碱的含量最多，占2%~5%，其他含量甚微，所以茶叶中的生物碱含量常以测定咖啡碱的含量为代表。咖啡碱易溶于水，是形成茶叶滋味的重要物质。红茶汤中出现的“冷后浑”就是由咖啡碱与茶叶中的多酚类物质生成的大分子配合物引起的，其含量是衡量红茶品质优劣的指标之一。咖啡碱对人体有多种药理功效，如提神、利尿、促进血液循环、助消化等。

⊙ 茶色素

茶色素包括茶黄素、茶红素和茶褐素，是由以儿茶素为主的多酚类化合物氧化衍生而来的一类水溶性色素混合物，主要成分有没食子酸、儿茶素、肌醇、海波拉亭、芦丁。其主要的药效成分也是儿茶素，故茶色素的药效作用与茶多酚相似。

⊙ 无机物

茶中含有大量的无机物，除碳、氢、氧、氮等元素之外，还含有多种无机矿物质元素氟、钙、磷、钾、硫、镁、锰等，现已发现了27种，其中大多数是对人体有益的。茶中同样含有对人体有害的铅、镉等元素，但其在茶汤中的含量很低，而进入人体的就更是微乎其微。因为重金属可以在体内积蓄，所以在茶叶的种植与加工流程中要尤为注意。

茶的种类

由于历史的积淀，我国成为世界茶叶品种最多的国家，饮誉海内外。通常按颜色分为六大茶类：绿茶、红茶、乌龙茶、白茶、黄茶、黑茶。

⊙ 绿茶

制作时不经过任何发酵过程、采摘后直接杀菁、揉捻、干燥而成的茶。滋味清新鲜醇，清爽宜人。因工法不同，又可分为以锅炒而成的炒菁绿茶，如龙井、碧螺春，以及以高温蒸汽蒸煮的蒸菁绿茶。中国绿茶十大名茶是西湖龙井、太湖碧螺春、黄山毛峰、六安瓜片、君山银针、信阳毛尖、太平猴魁、庐山云雾、四川蒙顶、顾渚紫笋茶。

⊙ 红茶

发酵度达 80%~90% 的全发酵茶。经过萎凋、揉切，然后进行完整发酵，使茶叶中所含的茶多酚氧化成为茶红素，因而形成红茶所特有的暗红色茶叶、红色茶汤。世界的四大名红茶有祁门红茶、阿萨姆红茶、大吉岭红茶、锡兰高地红茶。

⊙ 乌龙茶

乌龙茶又称青茶。发酵度为 20%~60%，是介于绿茶与红茶之间的半发酵茶类。既具有绿茶的清香和花香，又具有红茶醇厚的滋味。乌龙茶种类因茶树品种的特异性而形成各自独特的风味，产地不同，品质差异也十分显著。我国知名的乌龙茶有武夷山大红袍、闽北水仙、铁观音和台湾乌龙。

⊙ 白茶

把叶片采摘下来后只经过轻微（10%~30%）程度的发酵，不经过任何炒菁或揉捻动作，便直接晒干或烘干的轻发酵茶。带有细致的茸毛，滋味清淡爽滑，非常独特。特产于中国福建一带，如白毫银针、寿眉牡丹等都是知名的茶款。

⊙ 黄茶

制作方式近似绿茶，但过程中经过闷黄，使茶叶与茶汤的颜色呈黄的微发酵的茶，发酵度10%~20%，滋味清香甘甜，如君山银针、蒙顶黄牙等都是知名的茶款。

⊙ 黑茶

属后发酵茶。制造上是在杀菁、揉捻、晒干后，再经过堆积存放，使之产生再次发酵，故而茶叶与茶汤颜色更深、滋味也更浓郁厚实。如普洱茶、湖南黑茶等都是著名茶款。

科学饮茶

茶叶营养丰富，经常饮茶有益于身体健康，但饮用时必须科学得法。一般而言，体力劳动者宜用红茶，脑力劳动者宜用绿茶。值得注意的是，患有某些疾病者，饮茶要根据自己的情况选茶。下面介绍几种饮茶的常识。

四季饮茶有区别。饮茶讲究四季有别，即：春饮花茶，夏饮绿茶，秋饮青茶，冬饮红茶。其道理在于：春季，人饮花茶，可以散发一冬积存在人体内的寒邪，浓郁的香柯，能促进人体阳气发生；夏季，饮绿茶为佳，绿茶性味苦寒，可以清热、消暑、解毒、止渴、强心；秋季，饮青茶为好。青茶不寒不热，能消除体内的余热，恢复津液；冬季，饮红茶最为理想，红茶味甘性温，含有丰富的蛋白质，能助消化，补身体，使人体强壮。

一杯茶能泡几次。无论什么茶，第一次冲泡，浸出的量占可溶物总量的50%~55%；第二次冲泡一般约占30%；第三次为10%左右；第四次只有1%~3%了。从其营养成分看，第一次冲泡就有80%的量被浸出；第二次冲泡时约15%；第三次冲泡后，基本全部浸出。从其香气和滋味看，一泡茶香气浓郁，滋味鲜爽；二泡茶虽浓郁，但味鲜爽不如前；三泡茶香气和滋味已淡乏；若再经冲泡则无滋味。

不饮过浓的茶。浓茶会使人体“兴奋性”过度增高，对心血管系统、神经系统等造成不利影响。有心血管疾患的人在饮用浓茶后可能出现心跳过速，甚至心律不齐，造成病情反复。

临睡前不饮茶。这点对于初期饮茶者更为重要。很多人睡前饮茶后，入睡变得非常困难，甚至严重影响次日的精神状态。有神经衰弱或失眠症的人，尤应注意。

进餐时不大量饮茶。进餐前或进餐中少量饮茶并无大碍，但若大量饮茶或饮用过浓的茶，会影响很多常量元素（如钙等）和微量元素（如铁、锌等）的吸收。

应特别注意的是，在喝牛奶或其他奶类制品时不要同时饮茶。茶叶中的茶碱和丹宁酸会和奶类制品中的钙元素结合成不溶解于水的钙盐，并排出体外，使奶类制品的营养价值大为降低。

饮茶过多不利消化。茶中含有大量鞣酸，一旦与肉、蛋、海味中的食物蛋白质合成有收敛性的鞣酸蛋白质，会使肠蠕动减慢，不但易造成便秘，还会增加有毒或致癌物质被人体吸收的可能性。

酒后茶伤身。饮酒后，酒中乙醇通过胃肠道进入血液，在肝脏中转化为乙醛，乙醛再转化为乙酸，乙酸再分解成二氧化碳和水排出。酒后饮茶，茶中的茶碱可迅速对肾起到利尿作用，从而促进尚未分解的乙醛过早地进入肾脏。乙醛对肾有较大刺激作用，所以会影响肾功能，经常酒后喝浓茶的人易发生肾病。不仅如此，酒中的乙醇对心血管的刺激性很大，而茶同样具有兴奋心脏的作用，两者合二为一，更增强了对心脏的刺激，所以心脏病患者酒后喝茶危害更大。

不用茶水服药。茶叶中的某些化学成分能中和一定药力。特别是服用治贫血病的药一定不要喝茶，因为治贫血的药，一般都含有氧化亚铁之类的物质，这种物质能与茶中的酸化物生成铁盐，此种铁盐刺激胃，会使人感到不舒服。

多喝绿茶可降低胆固醇。茶叶含有丰富的促进脂肪酸化的维生素C，具有促进胆固醇排出的效果。

蜂蜜茶可治咽炎。天气寒冷，易引起咽炎。当咽喉发炎疼痛时，用浓茶配蜂蜜漱咽有疗效。具体方法是：取适量茶叶，用小纱布袋装好，置于杯中，用沸水泡茶（茶叶比饮用的稍浓），凉后再加适量蜂蜜搅匀，每隔半小时用此溶液漱咽喉并咽下。

吸烟与健康

我国是世界上最大的烟草生产国和消费国，也是世界上吸烟人数最多的国家。2014 年国家卫生和计划生育委员会对全国青少年吸烟状况进行调查显示，中国卷烟消费量大约占全球消费量的 4 成，中国吸烟者数量超过 3 亿人，大约占我国总人口的 23%，约占全世界吸烟者的 1/3。不仅如此，我国还有 7.4 亿非吸烟者，其中有 1.8 亿儿童，正在被动地受着二手烟的危害。据统计我国每年死于吸烟相关疾病的人数达 136.6 万，超过因艾滋病、结核、疟疾和伤害所导致的死亡人数之和。吸烟和二手烟暴露导致的疾病主要是慢性病，其患病率很高，病程较长，给国家造成沉重的疾病负担和经济损失，既是对医疗服务和医疗保障体系的艰难考验，也是影响国家长远发展的严峻挑战。有资料统计，世界吸烟的人数正在下降，而以此同时，中国烟民队伍却正在向低龄化发展。

烟草已被国家确定为一级致癌物。吸烟者比不吸烟者患肺癌的概率高 10~30 倍，90% 的总死亡率是由吸烟所导致。有资料表明，长期吸烟者的肺癌发病率比不吸烟者高 10~20 倍，喉癌发病率高 6~10 倍，冠心病发病率高 2~3 倍。循环系统发病率高 3 倍，气管炎发病率高 2~8 倍。

烟草中的有害物质

每支纸烟在燃烧的过程中，产生的主烟流总量为 400~500mg，烟雾中含有

250 种以上的有害物质。香烟点燃后产生对人体有害的物质大致分为以下六大类。

醛类、氮化物、烯烃类。这些物质对呼吸道有刺激作用。

尼古丁类。此类物质可刺激交感神经，引起血管内膜损害。

胺类、氰化物和重金属。这些均属毒性物质。

苯丙芘、砷、镉、甲基肼、氨基酚以及其他放射性物质。这些物质均有致癌作用。

酚类化合物和甲醛等。这些物质具有加速癌变的作用。

一氧化碳。一氧化碳能减低红血球将氧输送到全身的能力。

其中，烟草中的放射性物质也是吸烟者肺癌发病率增加的因素之一。香烟中最有害的放射性物质是 Po –210，它放出的 α 射线能把原子转变成离子，后者很容易损害活细胞的基因，或者杀死它们，或者把它们转变为癌细胞。

吸烟对人体健康的影响

吸烟已成为严重危害健康、危害人类生存环境、降低人们生活质量、缩短人类寿命的紧迫问题。世界卫生组织把吸烟看成危害人类健康的瘟疫。

吸烟的致癌作用。吸烟过程中可产生 60 多种致癌物质，其中与肺癌关系密切的主要有多环芳烃类化合物、砷、苯及亚硝胺。这些致癌物质可通过不同的机制，导致支气管上皮细胞遗传物质的损害，从而使细胞生长和调节失控，最终导致细胞癌变。

吸烟对心脑血管的危害。吸烟者高血压、冠心病、脑血管病及周围血管病的发病率均明显升高。吸烟者的冠心病发病率比不吸烟者高 3.5 倍，冠心病死亡率高 6 倍。高血压、高胆固醇和吸烟三项都具备者冠心病发病率增加 9~12 倍，心肌梗塞发病率高 2~6 倍。

吸烟易引起猝死。吸烟是心脏猝死的重要危险因子，吸烟者由冠心病引起的猝死要比非吸烟者高 4 倍以上，猝死的发生率还与每天吸烟数成正比。

吸烟导致视力衰退。美国圣路易大学医学中心的对比研究指出：吸烟是缺血性视神经前部病变导致视力突然下降的一个显著危险因素。缺血性视神经病变的常见症状包括视物发暗、模糊，上或下半视野缺损，甚至全盲。

吸烟对女性的影响。吸烟对妇女的危害更甚于男性。吸烟可引起妇女月经紊乱、受孕困难、宫外孕、雌激素低下、骨质疏松及更年期提前。烟雾中的一氧化碳等有害物质进入胎儿血液，形成碳氧血红蛋白，造成缺氧；尼古丁又使血管收缩，减少了胎儿的血供及营养供应，影响胎儿的正常生长发育。吸烟导致自然流产、胎膜早破、胎盘早剥、前置胎盘、早产及胎儿生长异常等发生率增加，早产儿死亡率上升。

吸烟使意外损伤增加。吸烟者受伤率比一般人要高 1.5 倍，最常见的有扭伤、擦伤和类似肌腱炎的损伤。吸烟能导致损伤，是因为吸烟能降低骨质密度，减缓伤口愈合速度。

吸烟者的误区

饭后一支烟，赛过活神仙。其实饭后吸烟对健康的影响更大。饭后，血液循环量增加，尼古丁迅速地被吸收到血液，使人感兴奋，脑袋轻飘飘。实际上，饭后吸 1 支烟比平常吸 10 支烟的毒害还大。饭后吸烟会妨碍食物消化，影响营养吸收。同时还给胃及十二指肠造成直接损害，使胃肠功能紊乱，也可能引起腹部疼痛等症状。

清晨一支烟，精神好一天。睁开睡眼，抽一支香烟，将一夜新陈代谢后血液中降下来的尼古丁浓度“弥补”上来，这对于烟民来说，精神确实可“为之一振”。殊不知，经过一个晚上，房间里的空气没有流通，混杂着香烟的烟雾又被重新吸进肺中；另外，空腹吸烟，烟气会刺激支气管分泌液体，久而久之就会引发慢性支气管炎。

朋友聊天，喝酒吸烟。许多人都喜欢在喝酒时吸烟，酒喝多了，点燃一支烟，细细品味，似乎乐趣多多。但烟酒一起享用比单独喝酒或吸烟的毒害更大。因为酒精会溶解烟焦油，促使致癌物质更容易转移到细胞膜内。有资料显示，口腔癌有70%与吸烟和喝酒双管齐下有关。最为严重的是，烟酒同时进行使肝脏代谢功能只能顾及清除酒精而很难顾及其他，致使烟草的有毒物质在人体内停留数小时甚至几天，加大了烟草对身体的危害程度。

如厕吸烟，一带两便。许多人认为厕所里有臭气，吸烟可以冲淡一些。事实上，厕所里氨的浓度比其他地方要高，氧的含量相对较低，而烟草在低氧状况下会产生更多的二氧化硫和一氧化碳，连同厕所里的有毒气体以及致病细菌等大量被吸入肺中，对人体危害极大。患有冠状动脉性心脏病或慢性支气管炎的病人在厕所内吸烟，可导致心绞痛、心肌梗塞或气管炎的急性发作。

饮酒与健康

酒是人类生活中的主要饮品之一。中国制酒源远流长，品种繁多，名酒荟萃，享誉中外。酒渗透于整个中华民族五千年的文明史中，从文学艺术创作、文化娱乐到饮食烹饪、养生保健等各方面在中国人生活中都占有重要的位置。

酒的分类

⊙ 按酒精含量分

高度酒。酒精含量在40度以上的酒，如白兰地、朗姆酒、茅台酒、五粮液等。

中度酒。酒精含量在20~40度的酒，如孔府家酒。

低度酒。酒精含量在20度以下的酒，如黄酒、葡萄酒等。

⊙ 按制造方法分

酿造酒。以水果、谷物等为原料，经发酵后过滤或压榨而得的酒。一般都在20度以下，刺激性较弱，如葡萄酒、啤酒、黄酒等。

蒸馏酒。蒸馏酒又称烈性酒，是指以水果、谷物等为原料先进行发酵，然后将含有酒精的发酵液进行蒸馏而得的酒。蒸馏酒度数较高，一般在20度以上，刺激性较强，如白兰地、威士忌、中国的各种白酒等。

配制酒。在各种酿造酒、蒸馏酒或食用酒精中加入一定数量的水果、香料、药材等浸泡后，经过滤或蒸馏而得的酒，如杨梅烧酒、竹叶青、人参酒、利口酒、味美思等。

⊙ 按商业经营分类

白酒。以谷物为原料的蒸馏酒，因酒度较高而又被称为“烧酒”。其特点是无色透明、质地纯净、醇香浓郁、味感丰富。

黄酒。中国生产的传统酒类，是以糯米、大米（一般是粳米）、黍米等为原料的酿造酒，因其酒液颜色黄亮而得名。其特点是醇厚幽香，味感谐和，越陈越香，营养丰富。

果酒。以水果、果汁等为原料的酿造酒，大都以果实名称命名，如葡萄酒、山楂酒、苹果酒、荔枝酒等。其特点是色泽娇艳，果香浓郁，酒香醇美，营养丰富。

药酒。以成品酒（以白酒居多）为原料加入各种中草药材浸泡而成的一种配制酒。其特点是具有较高滋补、营养和药用价值。

啤酒。以大麦、啤酒花等为原料的酿造酒。其特点是具有显著的麦芽和酒花清香，味道纯正爽口，营养价值较高，有促食欲和助消化的功效。

⊙ 按配餐方式分

开胃酒。以成品酒或食用酒精为原料加入香料等浸泡而成的一种配制酒，如味美思、比特酒、茴香酒等。

佐餐酒。主要是指葡萄酒，西方人就餐时一般只喝葡萄酒而不喝其他酒类，如红葡萄酒、白葡萄酒、玫瑰葡萄酒。

餐后酒。主要是指餐后饮用的可助消化的酒类，如白兰地、利口酒等。

醉酒与醒酒

人体肝脏每天能代谢的酒精约为每千克体重1g。一个60kg体重的人每天允许摄入的酒精量应限制在60g以下。换算成各种成品酒应为：60度白酒50mL、啤酒1000mL、威士忌250mL。红葡萄酒虽有益健康，但也不可饮用过量，以每天2 ~ 3小杯为佳。

如果一次大量饮酒很可能出现醉酒（急性酒精中毒），长期慢性嗜酒也可能养成酗酒（慢性酒精中毒）的恶习。醉酒对人的身体损伤较大，主要表现在对肝脏的损伤、造成胃溃疡、对神经系统产生伤害和导致大脑皮质萎缩。儿童和青少年正处于生长发育期，饮酒及醉酒对健康影响更大。

饮酒时应多吃一些新鲜蔬菜、鲜鱼、瘦肉、豆类、蛋类等。切忌用咸鱼、熏肠、腊肉等食品作为下酒的佐菜，因为熏腊类的食品中含有大量色素与亚硝胺，在人体内与酒精发生反应，不仅伤害肝脏，而且会损害口腔与食道黏膜，甚至诱发癌症。饮酒时要有尺度，不要白酒和啤酒混饮，且要慢饮，不易快饮或多饮。要注意服药后不饮酒，饮酒后不服药。

严禁酒后驾车

科学研究发现，驾驶员在没有饮酒的情况下行车，发现前方有危险情况，从视觉感知到踩制动器的动作中间的反应时间为0.75秒，饮酒后尚能驾车的情况下反应时间要减慢2 ~ 3倍，同速行驶下的制动距离也要相应延长，这大大增加了发生交通事故的可能性。所以，饮酒驾车，特别是醉酒后驾车，对道路交通安全的危害十分严重。

2011年2月25日，《刑法修正案（八）》正式通过，并于2011年5月1日起正式实施。《刑法修正案（八）》第二十二条规定，在刑法第一百三十三条后增加一条，作为第一百三十三条之一，设定“危险驾驶罪”，将醉酒驾驶机动车、驾驶机动车追逐竞驶等交通违法行为纳入刑法调整范围。醉酒驾驶机动车将被处以一个月以上六个月以下拘役，并处罚金，吊销机动车驾驶证，依法追究刑事责任；五年内不得重新取得机动车驾驶证。根据《中华人民共和国道路交通安全法》，饮酒后或者醉酒驾驶机动车发生重大交通事故，构成犯罪的，依法追究刑事责任，并由公安机关交通管理部门吊销机动车驾驶证，终生不得重新取得机动车驾驶证。

PART 8

第八章 让生命更有保障——合理用药、远离毒品

药物与健康

每个人几乎都曾因为感冒、发烧或其他病症服用过药物。比如，通过接种疫苗产生抗体，可以预防许多足以毁灭人类的疾病；使用抗生素能够抵抗病菌对人体的入侵；镇静剂与抗抑郁剂能够帮助精神疾病患者恢复正常神经功能。然而，药物中化学成分各式各样、功效有强有弱，如果使用不当，则会产生一些有害作用，甚至造成难以挽回的伤害。在本章中，我们将了解一些基本的药物知识，来指导自己和家人科学用药。

中药

中药在中国古籍中通称为“本草”。中国现已知最早的一部中药学专著是汉代的《神农本草经》，唐代由政府颁布的《新修本草》是世界上最早的药典。明代李时珍的《本草纲目》，总结了16世纪以前的药物经验，对后世药物学的发展做出了重大贡献。中药有着独特的理论体系和应用形式，充分反映了中国自然资源及历史、文化等方面的特点。中药按加工工艺分为中成药和中药材。

⊙ 中药的药性

中药的药性主要有四气五味、升降浮沉、归经、有毒无毒、配伍、禁忌等。

四气也称四性，指寒、热、温、凉四种不同药性。后来又将对人体的寒热病理变化没有明显影响的药物称为平性。寒凉药一般具有清热泻火、凉血解毒等功效；温热药一般具有温中散寒、补火助阳的功效。

五味则是酸、苦、甘、辛、咸五种不同味道。事实上，药性的五味并不是指该中药的真实味道，而是根据其药效得到的。辛味能散、能行，有发散、行气、行血的作用。甘味能补、能缓、能和。酸味能收、能涩，有收敛固涩的作用。苦味能泄、能燥，有降泄肺气、胃气的作用。咸味能软、能下，有软坚、散结、泻下作用。五味之外还有淡味，具有渗湿利水作用，治疗小便不利，水肿等症。

升降浮沉是指中药作用于人体的几种趋向，是与疾病的病理趋势相对而言的。一般而言，生浮药具有升阳、发表、祛风、散寒、涌吐、开窍等向上向外的作用；而沉降药则具有清热、泻火、泻下、利尿、消食、驱虫、平肝、止咳平喘、收敛固涩等向下向内的作用。

归经是以脏腑经络理论为基础，以所治病症为依据，总结出的药物的作用部位与范围。

中药的毒性，在广义上泛指药物的偏性，在狭义上是指药物对机体的损害性。在《本草纲目》中将药物的毒性分为“大毒”“有毒”“小毒”“微毒”。

中药的使用是十分讲究配伍的，一般是按照病情的不同需要和药物的不同特点，有选择地将两种或两种以上的药物合在一起使用，这样可以达到降低毒副作用，扩大提高疗效，以适应复杂病情的需要。

为了降低毒副作用，提高疗效，中药的用药禁忌分为配伍禁忌、症候禁忌、妊娠禁忌和服药的饮食禁忌。其中配伍禁忌应遵守十八反十九畏的原则。十八反包括：甘草反甘遂、大戟、海藻、芫花；乌头反贝母、瓜蒌、半夏、白蔹、白芨；藜芦反人参、沙参、丹参、玄参、细辛、芍药。十九畏包括：硫黄畏朴硝，水银畏砒霜，狼毒畏密陀僧，巴豆畏牵牛，丁香畏郁金，川乌、草乌畏犀角，牙硝畏三棱，官桂畏石脂，人参畏五灵脂。

⊙ 中药的剂型

中药的剂型很多，有汤、丸、片、冲、酒、膏及针等。要根据病情选用合适的剂型。

汤剂。对于新病、急病、重病，用汤剂效果比较好。这是因为汤剂组成十分灵活，可以随症加减，而且在胃肠道中吸收比较快，作用也比较快。

丸剂。对于长期虚弱或慢性病患者，宜用丸剂。常用的蜜丸和水丸是在中药粉末中加入赋形剂制成的，在胃肠道中吸收慢，作用缓和，效力持久。

片剂。片剂对于急、慢性病都可适用。片剂剂量准确，服用方便。

冲剂。急性病人、小儿患者或怕吃苦药的人，尤其适宜选用冲剂。冲剂是药汁经浓缩加糖和糊精制成的干燥颗粒，用开水冲泡即可溶解，吸收较快，有甜味。此外，糖浆剂是由药物和糖类融合制成的浓缩水溶液，以止咳药居多，也较适宜成人及小儿的急、慢性病。

药酒。风湿痛、跌打损伤选用药酒较适宜。药酒是将药物放在酒中浸泡一定时间而成，它有通经活络的功用。既可内服，又可外搽。但不宜用于阴虚火旺之病。

膏剂。慢性病及迁延性疾病选用内服膏剂，有滋补和止咳等方面的膏剂，如十全大补膏、雪梨膏等。风湿痛、跌打损伤、皮肤疮疡等症可选用外用膏剂，如狗皮膏、活血止痛膏和万应膏等。

针剂。急性病或危重症的抢救可选用针剂。可通过肌肉、途经静脉进入人体，吸收快，作用迅速，如柴胡针、人参针、复方丹参针等。

西药

西药是指通过化学合成方法制成或从天然产物提制而成的有药物活性

的分子。现代使用的药物大部分是合成药物，近年来很多从中草药中提纯出来的有效成分也归于西药之列。

合成药物种类很多，分类方法也很多，从医学角度和功效来分，有抗感染类药物、麻醉药及其辅助药物、神经类药物、精神类药物、抗肿瘤类药物、心血管类药物、呼吸类药物、消化类药物、泌尿系统类药物、激素及其有关药物、调血糖药物。从化学角度来分，有磺胺类药物、抗生素类药物、类固醇类药物等。

抗生素

抗生素以前被称为抗菌素，事实上它不仅能杀灭细菌而且对霉菌、支原体、衣原体等其他致病微生物也有良好的抑制和杀灭作用。原来的抗菌素已改称为抗生素。

抗生素的发现可以说是人类社会发展中最重要的一项发现，抗生素发明后，才使外科手术的术后痊愈率大大提高，使人们免除细菌感染。人类离不开抗生素，但抗生素的滥用同样给我们带来巨大的危险。

⊙ 抗生素的滥用及其危害

抗生素使用得越多，人体内细菌和微生物的耐药性就越强，会使感染率和死亡率升高。

滥用抗生素使我们战胜疾病的代价越来越高。已有许多证据表明，我国的大肠杆菌对喹诺酮类药物广泛耐药超过50%，而北美不到5%。另有调查表明，多种菌株对青霉素类药物耐药性达60%~80%。

我们吃的粮食、蔬菜、肉类、乳制品乃至医院的空气中，都充满了抗生素和耐药菌，这些耐药菌通过饮食、呼吸进入我们的身体。人的身体本身成了一个耐药菌库，一旦发生细菌感染，即使从来没有使用过抗生素药物的人，同样可能面临抗生素治疗束手无策的局面。科学家说，在自然进化过程中，某种细菌产生如此大的变异通常需要上千万年的时间，但抗生素的滥用使得细菌的适应性越来越强，导致“超级细菌”问世。

由于耐药病菌在全球蔓延，故各国有识之士大力呼吁：患者切勿要求医生开抗生素，医生更不要为自己的利益而滥开抗生素的“人情”方。如果一旦发现带有“超级细菌”患者，必须严格隔离，以免蔓延。因为在人类与病菌的战斗中人类总是处于被动和落后的趋势，当人类研制了强效的抗生素时，却因为超级细菌的出现而失效。

⊙ 抵御耐药性

针对现在全世界的人都在关注抗生素滥用问题，2011 年世界卫生日的主题定为“抵御耐药性：今天不采取行动，明天就无药可用”。

为加强医疗机构抗菌药物临床应用管理，规范抗菌药物临床应用行为，提高抗菌药物临床应用水平，促进临床合理应用抗菌药物，控制细菌耐药，保障医疗质量和医疗安全，根据相关卫生法律法规，我国制定了《抗菌药物临床应用管理办法》。该法律法规首次对抗生素的临床采取了分级管理措施，将抗生素分为非限制使用级、限制使用级与特殊使用级。这一措施的施行，标志着我国抗生素的临床应用和管理已经进入法制化程序与制度化轨道。

2016 年 G20 峰会发表的《二十国集团领导人杭州峰会公报》，在最后一部分专门列举影响世界经济的深远因素，其中就包括抗生素耐药性。这意味着，抗生素耐药性的问题已经上升到国际层面，成为一个等同于气候变化和恐怖主义的世界性大问题。

正确用药原则

对大部分人来说，吃药不是件新鲜事，但要充分达到药效，可不是把药吃下去就算了，其中有不少学问。要正确服药，请注意以下几个原则。

仔细阅读说明书。用药前要仔细阅读药品说明书，不能只看主治，要对应自己的症状，要仔细看其记载的用药方法（口服、含服、外用等）、药物用量、注意事项、“慎用、禁用”情况、不良反应等。

按时服药。生病买药时，医生会告诉你这药一天吃几次，每次几片。药物的服用时间（即给药的间隔时间）是根据药物的半衰期决定的。半衰期是指药物从体内消除一半所需的时间，也是血药浓度下降一半所需要的时间。半衰期长的药物，说明它在体内消除慢、停留时间长，服药的间隔时间就要长些；反之，半衰期短的，服药的间隔时间短。每日服用 1 次的要固定每天的服药时间。每日服用 2 次是指两次服药时间要间隔 12 小时，比如早上 8 点一次，晚上 8 点一次。同理，每日 3 次，每次服药时间间隔 8 小时；每日 4 次，服药时间间隔 6 小时。如果忘记了某次服药时间，而又快接近下一次服药时间，不要补上漏掉的一次，按正常规律服药。只有这样才能维持有效的血药浓度，病情才能好转。如果疾病不是很严重，为了不影响夜间睡眠，每日 3 次的可在白天服用，但每次间隔不能小于 6 小时，尽可能拉开间隔时间。饭前服用一般指饭前半小时服用，健胃药、助消化药大都在饭前；不注明饭前的皆在饭后半小时服药；睡前服用指睡前半小时；空腹服用指餐前 1 小时空腹服用；必要时指症状出现时，如退烧药在发烧时服用，解热镇痛药可在疼痛时服用。

注意用药剂量，切忌超量服用。药物的作用与药量密切相关，药量不够则起不到治病的作用；用量过大则作用过强，有时甚至引起毒性反应。慢性病人用药要注意，不要自行减药、加药、换药，病情变化时要及时看医生。高血压病人，平时服用一颗药就能控制血压，但是天气变冷时，血管收缩，可能导致平时的一颗药不能控制血压，因此，对于慢性病要多进行自我监测。

谨慎药物的混用。对于复方制剂的药物，最好不要同时服用两种同类的药物；药物同时使用时，不清楚其副作用的应该咨询医生。很多药品之间存在相互作用，可能会产生对人体有害的物质，严重的甚至可能致命，因此，擅自混用药就像在调制“毒药”。

不要动辄就输液。“能口服不注射，能肌肉注射不静注”，应是用药原则。口服药吸收慢，但不良反应相对比较轻。而肌肉注射、静脉注射时，药物直接进入血管，虽然见效快，但是一旦出现严重过敏反应，会因抢救不及时而导致严重后果。

慎用偏方。中医博大精深，民间有些偏方可能很管用，但是在得到民间药材、偏方、验方以后最好请懂中医中药的人把关，根据实际情况进行科学评估，准确把握它的用法、用量，降低危险系数。

珍爱生命、远离毒品

我们正处于最美好的时期，通过自己的勤劳和智慧创造着新时代。然而，生活中却还存在着毒品这一毒瘤，纵使其含有的化学成分确实能抑制痛苦或刺激兴奋感，但是毒品的存在，使得多少家庭妻离子散、家破人亡，对社会造成了极大的危害。了解毒品的基本知识和危害性，可以促使我们珍爱生命，远离毒品。

根据国家禁毒办发布的《2017年中国毒品形势报告》，截至2017年年底，全国共有吸毒人员255.3万人，其中18岁以下的青少年1.5万人。在吸毒人员吸食的毒品中除了海洛因、冰毒、氯胺酮等毒品，各种具有迷惑性包装的“咔哇潮饮”“彩虹烟”“咖啡包”“小树枝”等新型毒品也正在悄然入侵。如果对毒品危害性认识和辨别能力不足，很有可能陷入毒品的深渊，对自身、家庭和社会造成极大的伤害。

毒品的种类

毒品的种类很多，范围很广，分类方法也不尽相同。

从毒品的来源分。可分为天然毒品、半合成毒品和合成毒品三大类。天然毒品是直接从毒品原植物中提取的毒品，如鸦片。半合成毒品是由天然毒品与化学物质合成而得，如海洛因。合成毒品是完全用有机合成的方法制造，如冰毒。

从毒品对人体中枢神经的作用分。可分为抑制剂、兴奋剂和致幻剂等。抑制剂能抑制中枢神经系统，具有镇静和放松作用，如鸦片类。兴奋剂能刺激中枢神经系统，使人产生兴奋，如苯丙胺类。致幻剂能使人产生幻觉，导致自我歪曲和思维分裂，如麦司卡林。

从毒品的自然属性分。可分为麻醉药品和精神药品。麻醉药品是指对中枢神经有麻醉作用，连续使用易产生身体依赖性的药品，如鸦片类。精神药品是指直接作用于中枢神经系统，使人兴奋或抑制，连续使用能产生依赖性的药品，如苯丙胺类。

从毒品流行的时间顺序分。可分为传统毒品和新型毒品。传统毒品一般指鸦片、海洛因等阿片类流行较早的毒品。新型毒品是相对传统毒品而言，主要指冰毒、摇头丸等人工化学合成的致幻剂、兴奋剂类毒品。

毒品的危害

科学研究表明，毒品进入人体后，会使机体发生生理变化，产生一种新的机能。吸毒一次以上者，随着毒品在其体内代谢速度的加快而降低血液中的有效成分，使之作用减弱，有效时间缩短，从而使人被迫增加吸毒次数和毒品数量，以求得快感。同时，神经细胞已适应吸毒后的生理、生化变化。毒品在体内浓度不高时，会出现精神、身体上的不适而造成人体对毒品的依赖性，而且越吸越多，越吸需要量越大。一旦外界停止了供应毒品，则人的生理活动就会出现紊乱，出现医学上说的“戒断症状”，此时，只有再供给毒品，才可能解除这些戒断症状，这就是所谓的“上瘾”。

毒品是万恶之源，是人类社会公害，不仅严重侵害人的身体健康、销蚀人的意志、破坏家庭幸福，而且严重消耗社会财富、毒化社会风气、污染社会环境，极易诱发一系列违法犯罪活动。

抵制毒品，打赢禁毒人民战争

青少年吸毒的原因，有客观方面的，更有主观方面的。主观方面的原因主要有：受好奇心驱使、受人诱惑、对毒品无知和寻求不正当的刺激。那么青少年如何才能抵制和远离毒品呢？

牢固构筑拒毒心理防线。青少年抵制毒品，首先要牢固构筑拒毒的心理防线，做到“四个知道”：一要知道什么是毒品；二要知道吸毒极易成瘾，戒断很难；三要知道毒品的危害；四要知道毒品违法犯罪受惩罚的后果。

正确把握好奇心，抵制不良诱惑。青少年对于没有体验过的东西，总有一种跃跃欲试的冒险心理。但是，面对诱惑，头脑一定要冷静，多问几个为什么，千万不能盲从。面对毒品，一定要旗帜鲜明、态度坚决地加以拒绝，并向有关部门报告，千万不能在好奇心驱使下去尝试第一口。

正确对待困难和挫折。在困难和挫折面前，要冷静，多与家长、老师和朋友谈心沟通，多找主观原因，排除烦恼。绝对不能借毒品来解脱苦闷，千万要警惕别人利用毒品来对你安慰和引诱。

养成良好的行为习惯。有关调查表明，有不良行为习惯的人更容易沾染毒品。青少年预防侵害，养成良好的行为习惯至关重要。

追求健康、幸福的生活。健康是人生最宝贵的物质基础，为了健康，请远离毒品。

PART9

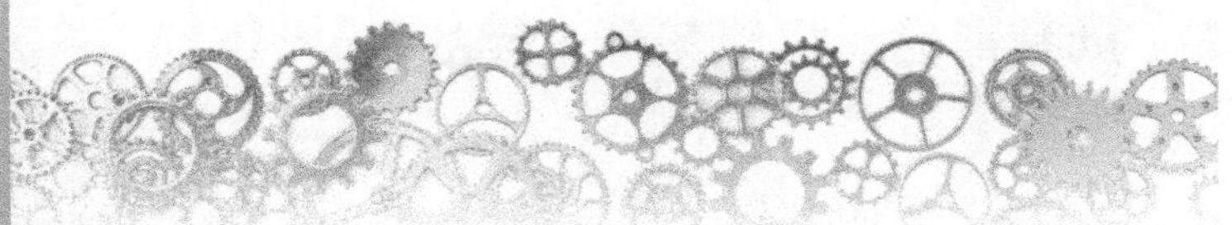

第九章 新技术革命的物质基础——材料

航空母舰甲板钢材、隐形战机的外层涂料、宇航员的宇航服面料，各种新型材料的发明和应用已经成为整个社会文明进步的基础。金属材料、无机非金属材料、天然高分子材料等各式各样的材料在生活中各司其职，丰富着我们的生活。在本章我们将了解一下生活中常见的材料。

金属材料

人类文明的发展和社会的进步与金属材料关系十分密切。继石器时代之后出现的铜器时代和铁器时代，都是以金属材料的应用为其时代的显著标志。现代，种类繁多的金属材料已成为人类社会发展的重要物质基础。金属通常分为黑色金属、有色金属和稀土金属。

黑色金属

黑色金属又称钢铁材料，包括含铁90%以上的工业纯铁，含碳2%~4%的铸铁，含碳小于2%的碳钢，以及各种用途的结构钢、不锈钢、耐热钢、高温合金、精密合金等。广义的黑色金属还包括铬、锰及其合金。钢的分类及用途见表 9-1。

表 9-1 钢的分类及用途

钢	种类	主要合金元素	特性	用途
碳素钢	低碳钢	含碳低于 0.3%	韧性好	机械零件、钢管
	中碳钢	含碳低于 0.3%~0.5%	韧性好	机械零件、钢管
	高碳钢	含碳 0.6%~2%	硬度大	刀具、量具、模具
合金钢	锰钢	锰	韧性好、硬度大	钢轨、轴承、坦克、装甲等
	不锈钢	铬	抗腐蚀	医疗器械
	硅钢	硅	导磁性	变压器、发电机芯
	钨钢	钨	耐高温、硬度大	刀具

有色金属

有色金属是指除铁、铬、锰以外的所有金属及其合金，通常分为轻金属、重金属、贵金属、半金属、稀有金属和稀土金属等。有色合金的强度和硬度一般比纯金属高，并且电阻大、电阻温度系数小。

有色金属是国民经济、人民日常生活及国防工业、科学技术发展必不可少的基础材料和重要的战略物资。农业现代化、工业现代化、国防和科学技术现代化都离不开有色金属。比如飞机、导弹、火箭、卫星、核潜艇等尖端武器以及原子能、电视、通信、雷达、电子计算机等尖端技术所需的构件或部件大都是由有色金属中的轻金属和稀有金属制成的；此外，没有镍、钴、钨、钼、钒、铌等有色金属也就没有合金钢的生产。有色金属在某些用途（如电力工业等）上，使用量也是相当可观的。现在世界上许多国家，尤其是工业发达国家，竞相发展有色金属工业，增加有色金属的战略储备。

稀土金属

稀土金属是特种金属中的一类，是镧系元素系稀土类元素群的总称，包含钪、钇及镧系中的镧、铈、镨、钕、钷、钐、铕、钆、铽、镝、钬、铒、铥、镱、镥，共17种元素。稀土元素能与其他元素组成品种繁多、功能千变万化、用途各异的新型材料，被称为“现代工业的维生素和神奇的新材料宝库”。

我国稀土资源占世界稀土资源的80%，以氧化物（REO）计达3600万吨，远景储量实际是1亿吨。我国稀土资源分南北两大块。北方主要为轻稀土资源，集中在包头白云鄂博特等地，以后在四川冕宁又有发现。主要含镧、铈、镨、钕和少量钐、铕、钆等元素；南方主要为中、重稀土资源，分布在江西、广东、广西、福建、湖南等地，以罕见的离子态赋存于花岗岩风化壳层中，主要含钐、铕、钆、铽、镝、钬、铒、铥、镱、镥、钇、镧、钕等元素。

稀土的神奇特性，也是被人们逐渐认识的。发展到现在，稀土已经从应用于冶金、机器、石油、化工、玻璃、陶瓷、纺织染色、皮草揉制和农牧养殖业等传统产业中，逐渐发展到光、电、磁多功能高科技新材料中。在钢、铁有色金属中，添加微量稀土，可以明显地提高金属材料的性能；稀土球墨铸铁管比普通铸铁管的强度高5~6倍。稀土添加到某些钢中，可以明显提高钢材的强度、耐磨性和抗腐蚀性。稀土铝导线不但提高强度20%，而且还提高2%~4%的导电性能。稀土微肥和稀土复合肥，可提高作物产量，并可增加作物的抗病性能。

稀土作为基体元素能制造出具有特殊光、电、磁性能的多种功能材料，如稀土永磁材料、稀土镍氢电池材料、稀土荧光材料、稀土催化剂、稀土激光材料、稀土精密陶瓷材料、生物工程材料等，它们都是发展电子信息产业、开发新能源、治理环保和国防尖端技术等方面必不可缺少的材料。例如，稀土永磁材料（钕铁硼永磁）是当今磁性最强的永磁体，它被称“一代磁王”。稀土永磁材料现已广泛应用到微型电动机、工业用电动机、风力发电机、音响设备、仪器仪表、航天航空通信、医用核磁共振成像仪等方面。

稀土永磁材料用于电动机，可使设备小型化、轻型化，同等功率的电动机，体积和重量可减少 30% 以上。用稀土永磁同步电动机代替工业上的异步电动机，节电率可达 12%~15%，真正的稀土三基色荧光灯代替白炽灯，节电率可达到 80%。稀土金属卤化物灯已被大量用于城市广场、体育场馆和高层建筑的美化泛光照明。这些新型电光源不但节电效果明显。而且大大提高了照明质量，其生产过程也减少了污染，被称作“绿色照明”。彩色电视正是采用了稀土三基色荧光粉，才能获得彩色逼真的画面。稀土镍氢电池，可以充电而无记忆效应，代替了有污染的镍镉电池，被称作无污染的“绿色电池”。它已广泛用于移动电话、笔记本计算机等设备上。各种稀土功能材料，在航空、航天和尖端国防技术上，如雷达、侦察卫星、激光制导和自动指挥系统等方面都获得了广泛的应用。

无机非金属材料

无机非金属材料是以某些元素的氧化物、碳化物、氮化物、卤素化合物、硼化物以及硅酸盐、铝酸盐、磷酸盐、硼酸盐等物质组成的材料，是除有机高分子材料和金属材料以外的所有材料的统称。

无机非金属材料品种和名目极其繁多，用途各异，因此，还没有一个统一而完善的分类方法。通常把它们分为普通的（传统的）和先进的（新型的）无机非金属材料两大类。传统的无机非金属材料是工业和基本建设所必需的基础材料。新型无机非金属材料是20世纪中期以后发展起来的，具有特殊性能和用途的材料。它们是现代新技术、新产业、传统工业技术改造、现代国防和生物医学所不可缺少的物质基础。主要有先进陶瓷、非晶态材料、人工晶体、无机涂层、无机纤维等。

陶瓷

⊙ 传统陶瓷

陶瓷在我国有悠久的历史，是中华民族古老文明的象征。从西安地区出土的秦始皇陵中大批陶兵马俑，气势宏伟，形象逼真，被认为是世界文化奇迹，人类的文明宝库。唐代的唐三彩、明清景德镇的瓷器均久负盛名。

传统陶瓷材料的主要成分是硅酸盐，自然界存在大量天然的硅酸盐，如岩石、土壤等，还有许多矿物如云母、滑石、石棉、高岭石等，它们都属于天然的硅酸盐。此外，人们为了满足生产和生活的需要，生产了大量人造硅酸盐，主要有玻璃、水泥、各种陶瓷、砖瓦、耐火砖、水玻璃以及某些分子筛等。硅酸盐制品性质稳定，熔点较高，难溶于水，有很广泛的用途。

⊙ 精细陶瓷

精细陶瓷的化学组成已远远超出了传统硅酸盐的范围。例如，透明的氧化铝陶瓷、耐高温的二氧化锆陶瓷、高熔点的氮化硅和碳化硅陶瓷等，它们都是无机非金属材料，是传统陶瓷材料的发展。精细陶瓷是适应社会经济和科学技术发展而发展起来的，信息科学、能源技术、宇航技术、生物工程、超导技术、海洋技术等现代科学技术需要大量特殊性能的新材料，促使人们研制精细陶瓷，并在超硬陶瓷、高温结构陶瓷、电子陶瓷、磁性陶瓷、光学陶瓷、超导陶瓷和生物陶瓷等方面取得了很好的进展。

用高温结构陶瓷制造陶瓷发动机，发动机的工作温度能稳定在1300°C左右，使热效率大幅度提高，还可减轻汽车的质量，这对航天航空事业更具吸引力，用高温陶瓷取代高温合金来制造飞机上的涡轮发动机效果会更好。

光学陶瓷像玻璃一样透明，故称透明陶瓷。透明陶瓷的重要用途是制造高压钠灯，它的发光效率比高压汞灯提高一倍，使用寿命达2万小时。透明陶瓷的透明度、强度、硬度都高于普通玻璃，它们耐磨损、耐划伤，用透明陶瓷可以制造防弹汽车的车窗、坦克的观察窗、轰炸机的轰炸瞄准器和高级防护眼镜等。

人体器官和组织由于种种原因需要修复或再造时，选用的材料要求生物相容性好，对肌体无免疫排异反应；血液相容性好，无溶血、凝血反应；不会引起代谢作用异常现象；对人体无毒，不会致癌。生物陶瓷能满足以上各种要求，因此，被研究应用于人体器官和组织的修复和再造。

水泥

水泥是一种细磨材料，加入适量水后成为塑性浆体，既能在空气中硬化，又能在水中硬化，并能把砂、石等材料牢固地黏结在一起，形成坚固的石状体的水硬性胶凝材料。水泥与钢材、木材、塑料统称为四大基础工程材料，由于水泥的用量大、用途广、性能稳定、耐久性好及其制成品结构性能优良，所以水泥是建筑工程和各种构筑物不可或缺的最大宗材料，而且在今后相当长的时期内，不可能会有别的材料可以完全代替它。

水泥按用途及性能分为通用水泥、专用水泥和特种水泥。通用水泥是一般土木建筑工程通常采用的水泥，主要是指硅酸盐水泥、普通硅酸盐水泥、矿渣硅酸盐水泥、火山灰质硅酸盐水泥、粉煤灰硅酸盐水泥和复合硅酸盐水泥。专用水泥是有专门用途的水泥，如G级油井水泥、道路硅酸盐水泥。特种水泥是某种性能比较突出的水泥，如快硬硅酸盐水泥、低热矿渣硅酸盐水泥、膨胀硫铝酸盐水泥。

近20年来，随着国民经济的快速增长，我国水泥工业飞速发展并取得了巨大成绩。然而，我国水泥工业还存在着产业结构问题，水泥的生产制造也遇到了全球性的资源、能源、生态环境的严重挑战，所以必须加速产业结构调整和积极推广新型干法水泥和生产技术，采用绿色水泥生产技术，发展循环经济，实现经济社会和自然环境和谐的可持续发展。

玻璃

玻璃最初由火山喷出的酸性岩凝固而得。约公元前3700年前，古埃及人已制出玻璃装饰品和简单玻璃器皿，当时只有有色玻璃，约公元前1000年前，中国制造出无色玻璃。公元12世纪，出现了商品玻璃，并开始成为工业材料。18世纪，为适应研制望远镜的需要，制出光学玻璃。1873年，比利时首先制出平板玻璃。1906年，美国制出平板玻璃引上机。此后，随着玻璃生产的工业化和规模化，各种用途和各种性能的玻璃相继问世。现代，玻璃已成为日常生活、生产和科学技术领域的重要材料。

玻璃是一种较为透明的固体物质，在熔融时形成连续网络结构，冷却过程中黏度逐渐增大并硬化形成不结晶的硅酸盐类非金属材料。普通玻璃化学氧化物的组成为 $Na_2O \cdot CaO \cdot 6SiO_2$，主要成分是二氧化硅。通常可将玻璃分为普通平板玻璃和特种玻璃两大类。

普通平板玻璃是传统的玻璃产品，主要用于门窗，起着透光、挡风和保温作用。要求无色，并具有较好的透明度、表面光滑平整且无缺陷。平板玻璃的厚度分为2mm、3mm、4mm、5mm、6mm，单片规格尺寸为300mm×900mm、400mm×1600mm和600mm×2200mm数种。其可见光线反射率在7%左右，透光率在82%~90%。

特种玻璃是相对普通玻璃而言，用于特殊用途的玻璃。特种玻璃种类繁多，如单向透视玻璃、耐高温高压玻璃、激光防护玻璃、电控变色玻璃、钢化玻璃等。

天然高分子材料

天然高分子是自然界或矿物中由生化作用或光合作用而形成高分子化合物，存在于动物、植物或矿物内。可用物理和化学方法净化、加工或改性，广泛用于工业、农业、交通运输业、国防和人民生活中。

纤维素

纤维素的分子式为（$C_6H_{10}O_5$）$_n$，由 *D*– 葡萄糖以 *β*–1，4 糖苷键组成的大分子多糖，相对分子质量 50000~2500000，相当于 300~15000 个葡萄糖基。不溶于水及一般有机溶剂。纤维素是自然界中分布最广、含量最多的一种多糖，占植物界碳含量的 50% 以上。棉花的纤维素含量接近 100%，为天然的最纯纤维素来源。一般木材中，纤维素占 40%~50%，还有 10%~30% 的半纤维素和 20%~30% 的木质素。麻、麦秆、稻草、甘蔗渣等，都是纤维素的丰富来源。

⊙ 纤维素的主要用途

工业用。纤维素化学与工业始于 160 多年前，是高分子化学诞生及发展时期的主要研究对象，纤维素及其衍生物的研究成果为高分子物理及化学学科的创立、发展和丰富作出了重大贡献。此外，用分离纯化的纤维素做原料，可以制造人造丝、赛璐玢以及硝酸酯、醋酸酯等酯类衍生物；也可制成甲基纤维素、乙基纤维素、羧甲基纤维素、聚阴离子纤维素等醚类衍生物，用于石油钻井、食品、陶瓷釉料、日化、合成洗涤剂、石墨制品、铅笔制造、电子、涂料、建筑建材、装饰、蚊香、烟草、造纸、橡胶、农业、胶黏剂、塑料、炸药、电工及科研器材等方面。

生理作用。纤维素的主要生理作用是吸附大量水分，增加粪便量，促进肠蠕动，加快粪便的排泄，使致癌物质在肠道内的停留时间缩短，减少对肠道的不良刺激，从而可以预防肠癌发生。

木质素

木质素是由四种醇单体（对香豆醇、松柏醇、5-羟基松柏醇、芥子醇）形成的一种复杂酚类聚合物。木质素是构成植物细胞壁的成分之一，具有增强细胞壁及黏合纤维的作用。其组成与性质比较复杂，并具有极强的活性，不能被动物所消化，在土壤中能转化成腐殖质。

木质素在木材等硬组织中含量较多，蔬菜中则很少。一般存在于豆类、麦麸、可可、巧克力、草莓及山莓的种子部分。

⊙ 木质素的主要用途

混凝土减水剂。掺水泥重量的0.2% ~ 0.3%，可以减少用水量10%~15%，改善混凝土和易性，提高工程质量。夏季使用，可抑制坍落度损失，一般都与高效减水剂复配使用。

选矿浮选剂和冶炼矿粉黏结剂。冶炼业用木质素磺酸钙与矿粉混合，制成矿粉球，干燥后放入窑中，可提高冶炼回收率。

耐火材料。制造耐火材料砖瓦时，使用木质素磺酸钙作为分散剂和黏合剂，能改善操作性能，并有减水、增强、防止龟裂等良好效果。

陶瓷。用于陶瓷制品可以降低碳含量增加生坯强度，减少塑性黏土用量，泥浆流动性好，成品率提高，烧结速度减少。

其他。木质素磺酸钙还可用于精炼助剂、铸造、水煤浆分散剂、农药可湿性粉剂加工、型煤压制、道路土壤粉尘的抑制、制革鞣革填料、炭黑造粒、饲料黏合剂等方面。

蛋白质

蛋白质是生命的物质基础，机体中的每一个细胞和所有重要组成部分都有蛋白质参与。没有蛋白质就没有生命。因此，它是与生命及各种形式的生命活动紧密联系在一起的物质。

食入的蛋白质在体内经过消化被水解成氨基酸被吸收后，重新合成人体所需蛋白质，同时新的蛋白质又在不断代谢与分解，时刻处于动态平衡中。因此，食物蛋白质的质和量、各种氨基酸的比例，关系到人体蛋白质合成的量，尤其是青少年的生长发育、孕产妇的优生优育、老年人的健康长寿。

天然橡胶

天然橡胶是一种以聚异戊二烯为主要成分的天然高分子化合物，分子式为（C_5H_8）$_n$，其成分中91%~94%是橡胶烃（聚异戊二烯），其余为蛋白质、脂肪酸、灰分、糖类等非橡胶物质。

世界上约有2000种不同的植物可生产类似天然橡胶的聚合物，已从其中500种中得到了不同种类的橡胶，但真正有实用价值的是三叶橡胶树。橡胶树的表面被割开时，树皮内的乳管被割断，胶乳从树上流出。从橡胶树上采集的胶乳，经过稀释后加酸凝固、洗涤，然后压片、干燥、打包，即制得市售的天然橡胶。天然橡胶根据不同的制胶方法可制成烟片、风干胶片、绉片、技术分级橡胶和浓缩橡胶等。

由于天然橡胶具有优良的回弹性、绝缘性、隔水性及可塑性等特性，并且经过适当处理后还具有耐油、耐酸、耐碱、耐热、耐寒、耐压、耐磨等优良的性质，所以有着广泛的用途。比如：日常生活中使用的雨鞋、暖水袋、松紧带；医疗卫生行业所用的外科医生手套、输血管；交通运输上使用的各种轮胎；工业上使用的传送带、运输带、耐酸和耐碱手套；农业上使用的排灌胶管、氨水袋；气象测量用的探空气球；科学试验用的密封、防震设备；国防上使用的飞机、坦克、大炮、防毒面具；甚至连火箭、人造地球卫星和宇宙飞船等高精尖科学技术产品都离不开天然橡胶。

合成高分子材料

合成高分子材料包括合成橡胶、化学纤维、塑料、胶黏剂和涂料等。尽管高分子材料因普遍具有许多金属和无机材料所无法取代的优点而获得迅速的发展，但目前已大规模生产的还是只能寻常条件下使用的高分子物质，即通用高分子材料，它们存在着强度和刚性差、耐热性低等缺点。而现代工程技术的发展，则向高分子材料提出了更高的要求，因而推动了高分子材料向高性能化、功能化和生物化的方向发展，这样就出现了许多产量低、价格高、性能优异的新型功能高分子材料。

合成橡胶

合成橡胶中有少数品种的性能与天然橡胶相似，大多数与天然橡胶不同，但两者都是高弹性的高分子材料，一般均需经过硫化和加工之后，才具有实用性和使用价值。合成橡胶具有高弹性、绝缘性、气密性、耐油、耐高温或耐低温等性能，因而广泛应用于工农业、国防、交通及日常生活中。

按使用特性，合成橡胶分为通用型橡胶和特种橡胶两大类。通用型橡胶指可以部分或全部代替天然橡胶使用的橡胶，如丁苯橡胶、异戊橡胶、顺丁橡胶等，主要用于制造各种轮胎及一般工业橡胶制品。通用橡胶的需求量大，是合成橡胶的主要品种。特种橡胶是指具有耐高温、耐油、耐臭氧、耐老化和高气密性等特点的橡胶，常用的有硅橡胶、各种氟橡胶、聚硫橡胶、氯醇橡胶、丁腈橡胶、聚丙烯酸酯橡胶、聚氨酯橡胶和丁基橡胶等，主要用于要求具有某种特性的特殊场合。

化学纤维

纤维是一种柔软而细长的物质，其长度与直径之比至少为 10 ∶ 1，

其截面积小于 $0.05mm^2$。对于供纺织用的纤维，其长度与直径之比一般大于 1000 ∶ 1。在纺织纤维中，化学纤维是用天然的或合成的高聚物为原料，经过化学方法和机械加工制成的纤维。化学纤维的问世使纺织工业的发展突飞猛进，而且化学纤维生产的新技术、新设备、新工艺、新材料、新品种、新性能不断涌现，呈现出蓬勃发展的趋势。按照化学纤维天然化、功能化和绿色环保的发展思路，化学纤维的新品种、差别化纤维和功能化纤维层出不穷，改善了化学纤维的使用性能，扩大了化学纤维的应用领域，为纺织工业的发展开创了广阔的前景。

塑料

塑料是利用单体原料以合成或缩合反应聚合而成的材料，由合成树脂及填料、增塑剂、稳定剂、润滑剂、色料等添加剂组成。

塑料的主要成分是合成树脂。树脂这一名词最初是由动植物分泌出的脂质而得名，如松香、虫胶等，目前树脂是指尚未和各种添加剂混合的高聚物。树脂占塑料总重量的 40%~100%。塑料的基本性能主要决定于树脂的本性，但添加剂也起着重要作用。

根据各种塑料不同的使用特性，通常将塑料分为通用塑料、工程塑料和特种塑料。通用塑料是指产量大、用途广、成型性好、价格便宜的塑料。通用塑料有五大品种，即聚乙烯（PE）、聚丙烯（PP）、聚氯乙烯（PVC）、聚苯乙烯（PS）和丙烯腈—丁二烯—苯乙烯共聚合物（ABS）。工程塑料指能承受一定外力作用，具有良好的力学性能和耐高、低温性能，可以用作工程结构的塑料，如聚酰胺、聚砜等。特种塑料是指具有特种功能，可用于航空、航天等特殊应用领域的塑料。比如：氟塑料和有机硅具有突出的耐高温、自润滑等特殊功用；增强塑料和泡沫塑料具有高强度、高缓冲性等特殊性能。

胶黏剂

胶黏剂是一种媒介，凡能将同种的或不同种固体材料黏结在一起的物质统称为胶黏剂，也称胶。胶黏剂是一类重要的精细化工产品，胶黏剂黏结技术是一种新颖的连接方法，它已经成为某些铆接、焊接、螺接或其他传统连接方式难以代替的新工艺。

胶黏剂既能很好地连接各种金属和非金属材料，又能对性能相差悬殊的基材实现良好的连接。其应用遍及各个工业部门，从儿童玩具、工艺美术品到飞机、火箭、人造卫星的制造等。

涂料

涂料可以用不同的施工工艺涂覆在物件表面，形成黏附牢固、具有一定强度、连续的固态薄膜。这样形成的膜通称涂膜，又称漆膜或涂层。因早期的涂料大多以植物油为主要原料，故又称作油漆。现在合成树脂已大部分或全部取代了植物油，故称为涂料。涂料并非只有液态，还有粉末涂料。

涂料的作用主要有三点：保护、装饰和掩饰产品的缺陷，从而提升产品的价值。

复合材料

复合材料是由两种或两种以上不同性质的材料，通过物理或化学的方法，在宏观上组成具有新性能的材料。各种材料在性能上互相取长补短，产生协同效应，使复合材料的综合性能优于原组成材料，从而满足各种不同的要求。

复合材料的基体材料分为金属和非金属两大类。金属基体常用的有铝、镁、铜、钛及其合金。非金属基体主要有合成树脂、橡胶、陶瓷、石墨、碳等。

复合材料的分类

复合材料按其组成分为金属与金属复合材料、非金属与金属复合材料、非金属与非金属复合材料。

按其结构特点，分为：①纤维复合材料，将各种纤维增强体置于基体材料内复合而成，如纤维增强塑料、纤维增强金属等；②夹层复合材料，由性质不同的表面材料和芯材组合而成，通常面材强度高、薄，芯材质轻、强度低，但具有一定刚度和厚度，分为实心夹层和蜂窝夹层两种；③细粒复合材料，将硬质细粒均匀分布于基体中，如弥散强化合金、金属陶瓷等；④混杂复合材料，由两种或两种以上增强相材料混杂于一种基体相材料中构成，与普通单增强相复合材料比，其冲击强度、疲劳强度和断裂韧性显著提高，并具有特殊的热膨胀性能，分为层内混杂、层间混杂、夹芯混杂、层内／层间混杂和超混杂复合材料。

⊙ 先进复合材料

20世纪60年代，为满足航空航天等尖端技术所用材料的需要，先后研制和生产了以高性能纤维（如碳纤维、硼纤维、芳纶纤维、碳化硅纤维等）为增强材料的复合材料。为了与第一代玻璃纤维增强树脂复合材料相区别，将这种复合材料称为先进复合材料。按基体材料不同，先进复合材料分为树脂基、金属基和陶瓷基复合材料。其使用温度分别达250~350°C、350~1200°C和1200°C以上。先进复合材料除作为结构材料外，还可用作功能材料，如梯度复合材料（材料的化学和结晶学组成、结构、空隙等在空间连续梯变的功能复合材料）、机敏复合材料（具有感觉、处理和执行功能，能适应环境变化的功能复合材料）、仿生复合材料、隐身复合材料等。

复合材料的性能

复合材料中以纤维增强材料应用最广、用量最大。其特点是比重小、比强度和比模量大。比如：碳纤维与环氧树脂复合的材料，其比强度和比模量均比钢和铝合金大数倍，还具有优良的化学稳定性、减摩耐磨、自润滑、耐热、耐疲劳、耐蠕变、消声、电绝缘等性能；石墨纤维与树脂复合可得到膨胀系数几乎等于零的材料。

纤维增强材料的另一个特点是各向异性，因此可按制件不同部位的强度要求设计纤维的排列。比如：以碳纤维和碳化硅纤维增强的铝基复合材料，在500℃时仍能保持足够的强度和模量。碳化硅纤维与钛复合，不但钛的耐热性提高，且耐磨损，可用作发动机风扇叶片；碳化硅纤维与陶瓷复合，使用温度可达1500℃，比超合金涡轮叶片的使用温度（1100℃）高得多；碳纤维增强碳、石墨纤维增强碳或石墨纤维增强石墨，构成耐烧蚀材料，已用于航天器、火箭导弹和原子能反应堆中。

非金属基复合材料由于密度小，用于汽车和飞机可减轻重量、提高速度、节约能源。用碳纤维和玻璃纤维混合制成的复合材料片弹簧，其刚度和承载能力与重量大5倍多的钢片弹簧相当。

复合材料的应用领域

航空航天领域。由于复合材料热稳定性好，比强度、比刚度高，可用于制造飞机机翼和前机身、卫星天线及其支撑结构、太阳能电池翼和外壳、大型运载火箭的壳体、发动机壳体、航天飞机结构件等。

汽车工业。由于复合材料具有特殊的振动阻尼特性，可减振和降低噪声、抗疲劳性能好，损伤后易修理，便于整体成形，故可用于制造汽车车身、受力构件、传动轴、发动机架及其内部构件。

化工、纺织和机械制造领域。有良好耐蚀性的碳纤维与树脂基体复合而成的材料，可用于制造化工设备、纺织机、造纸机、复印机、高速机床、精密仪器等。

医学领域。碳纤维复合材料具有优异的力学性能和不吸收X射线特性，可用于制造医用X光机和矫形支架等。碳纤维复合材料还具有生物组织相容性和血液相容性，生物环境下稳定性好，也用作生物医学材料。

其他复合材料还用于制造体育运动器件和建筑材料等。

第十章 社会生产生活的动力之源——能源

从古人钻木取火开始，能源的使用就一直伴随着人类的历史。如果没有了煤炭、石油和天然气，难以想象没有电、热、动力的人类社会将变成什么样子。然而，在煤炭、石油、天然气等一次能源储藏量缺乏的今天，还有哪些新能源可成为社会进步的助力呢？本章我们将进入目不暇接的能源世界。

生活中常用的能源

大自然赋予人类的能源非常丰富，多种多样。自古以来，经过人类不断地开发利用，能源已形成一个兴旺发达的大家族。除了我们比较熟悉的煤、石油、天然气等能源名称外，是否还听到过一次能源、二次能源，常规能源、新能源，可再生能源、不可再生能源等称呼呢？这些都是从不同角度对能源进行分类而获得的名称。

能源的分类

按能源的来源。可分三类：第一类是来自地球外部天体的能源，主要是太阳能。正是各种植物通过光合作用把太阳能转变成化学能在植物体内储存下来。常见的煤炭、石油、天然气等化石燃料是由埋在地下的动植物经过漫长的地质年代形成的，它们实质上是由生物固定下来的太阳能。此外，水能、风能、波浪能、海流能等也都是由太阳能转换来的。第二类是来自地球自身的能源，其中一种是地球内部蕴藏着的地热能，常见的地下蒸汽、温泉、火山爆发等能量都属于地热能；另一种是地球上存在的铀、钍、锂等核燃料所蕴有的核能。第三类是地球和其他天体相互作用而产生的能量，如太阳和月亮等星球对大海的引潮力所产生的巨大潮汐能。

按利用能源的基本形态。可将能源分为一次能源和二次能源两类。

按能否从自然界中得到补充。能源又分为可再生和不可再生两类。

按各种能源的开发利用情况及其在人类社会经济生活中的地位。又将能源分成常规能源和新能源两类。这几类能源的分类对比见表 10-1。

表 10-1 能源的分类

分类		可再生能源	非再生能源
一次能源	常规能源	水能（大型水电） 生物质能（薪柴、秸秆等）	煤炭 天然气 原油 核能（核裂变）
	新能源	太阳辐射能 生物质能 风能 水能（小水电） 地热能 海洋能	核能（可控核聚变）
二次能源		氢气、沼气、电力、煤气、汽油、柴油、焦炭等	

常用能源

⊙ 造福人类的“老朋友”——煤炭

煤炭作为燃料已被广泛应用于居民生活和工业领域。煤在燃烧时会放出大量热，因此可作为发电的能源。煤炭经过干馏可得到含碳量很高的煤焦，俗称焦炭，其成分几乎完全是碳元素，可作炼钢、制造水煤气的原料。煤炭干馏时所产生的气体冷却后，部分成为液态氨和煤焦油，在工业领域有着广泛的应用。而剩余气体经脱硫、冷凝等处理，可部分形成轻油混合物，部分成为具有可燃性的煤气。

随着科学技术的不断进步，“煤炭家族”在迅速扩充的同时，正越来越广泛地走进人类生活的各个角落。现实生活中，人们的衣食住行处处都有“煤炭家族”的身影：煤气已经步入千家万户；从煤中可以直接提炼柴油，煤还可以气化，可以制冷，可以提炼出矾、铝、铀等金属；煤渣可做成水泥、砖头；煤玉可用作工艺品的雕刻原料；煤经化学加工而制成的双氧水，在医药、食品、水产养殖、机械等多个领域都有广泛应用；煤经干馏等复杂的化学加工，提炼上百种化工产品，用来制作染料、化肥、塑料、涂料、糖精等；提取煤炭还可以合成纤维用于服装面料；煤中的腐殖酸有止血消炎的功能，对某些妇科疾病也有一定疗效，从煤中提炼出的其他成分还可以制出一系列的药物，因此，煤得以跻身于许多医药典籍。听来有些不可思议，但是这是真实存在于我们生活中的。

⊙ 衣食住行的“血液”——石油

讲到衣食住行和石油的关系，人们总觉得石油就是汽车所用的汽油，其他好像没什么关系，其实在人们的日常生活中，石油的影子无处不在。

首先，它是我们熟知的动力燃料的原料。汽车、内燃机车、飞机、轮船等现代交通工具都是用石油的产品——汽油、柴油作动力燃料的；新兴的超音速飞机、导弹、火箭，也都以石油提炼出来的高级燃料为动力的。一切转动的机械的“关节”中添加的润滑油都是石油制品。

其次，石油还是重要的化工原料。石油化工厂利用石油产品可加工出5000多种重要的有机合成原料。常见的色泽美观、经久耐用的涤纶、锦纶、腈纶、丙纶等合成纤维；能与天然橡胶相媲美的合成橡胶；苯胺染料、洗衣粉、糖精、人造皮革、化肥、炸药等都是由石油产品加工而成的；泳衣和航天服也是用从石油中提炼的纤维所制成的；家居中的塑钢门窗、化纤壁纸、化纤布料等，都是石油的衍生品。

另外，在我们的食物中也能看到它的影子，石油经过微生物发酵，还可以制成合成蛋白。它是利用一种爱吃石蜡的嚼蜡菌，当嚼蜡菌吃食石蜡后，会以惊人的速度繁殖起来。嚼蜡菌自身含有丰富的蛋白质，每公斤菌体含有相当于20只鸡蛋所含的蛋白质。现在，人们已经用嚼蜡菌作为饲料。

⊙ 生活中的清洁能源——天然气

在现代社会生活中，我们每一个人都享受着天然气给人类带来的益处，它遍及衣、食、住、行，不过有些是直接的，有些是间接的。天然气作为一种清洁能源，主要用于以下几个方面。

城市燃气事业，特别是居民生活用气。随着人民生活水平的提高及环保意识的增强，大部分城市对天然气的需求明显增加。目前发达国家大部分正在逐步淘汰煤气，改用天然气。

天然气发电。这是缓解能源紧缺、降低燃煤发电比例，减少环境污染的有效途径。从经济效益看，天然气发电的单位装机容量所需投资少，建设工期短，上网电价较低，具有较强的竞争力。

压缩天然气汽车。以天然气代替汽车用油，具有价格低、污染少、安全等优点。

⊙ 生活中光明的源泉——电能

电能是二次能源，日常生活中使用的电能主要来自其他形式能量的转换，包括水能（水力发电）、内能（俗称热能、火力发电）、原子能（原子能发电）、风能（风力发电）、化学能（电池）及光能（光电池、太阳能电池等）等。我们常见的电能包括火力发电、水力发电、核能发电和电池。

火力发电厂的燃料主要有煤、石油（主要是重油、天然气），燃料燃烧产生的热使水变成水蒸气，水蒸气推动汽轮发电机发电。我国的火电厂以燃煤为主，过去曾建过一批燃油电厂，目前的政策是尽量压缩烧油电厂，新建电厂全部烧煤。

水力发电是利用水位落差，配合水轮发电机产生电力，也就是利用水的位能转为水轮的机械能，再以机械能推动发电机，而得到电力。科学家们以此水位落差的天然条件，有效地利用流力工程及机械物理等，精心搭配以达到最高的发电量，供人们使用廉价又无污染的电力。

核能发电就是利用受控核裂变反应所释放的热能，将水加热为蒸汽，用蒸汽带动汽轮发电机发电。1954 年，苏联建成世界上第一座核电站。核电发展比较领先的地区是法国、比利时、韩国、日本等。我国自行设计制造的第一座核电站——秦山核电站和引进设备的大亚湾核电站已分别于 1993 年和 1994 年投入运行，结束了我国无核电的历史。

电池也是电能的来源之一，像手机、电视机、空调、电子玩具、电动车等都要使用各种电池。电池的种类很多，常用电池主要是干电池、蓄电池及体积小的微型电池。此外，还有金属—空气电池、燃料电池以及其他能量转换电池，如太阳能电池、温差电池、核电池等。

新能源的开发利用现状

能源的大量消费带来了一系列的环境问题，森林减少、植被破坏、水土流失、土壤沙化、水体污染，特别是化石能源大量消费产生的温室效应，使全球气候变暖，给人类生存带来了严重威胁。新能源和可再生能源已成为应对气候变化和实现可持续发展的重要替代能源。欧洲一些国家、美国、日本、印度、巴西和中国等在该领域走在了世界的前列。全球部分国家新能源产业应用状况见表 10–2。

表 10–2　全球部分国家新能源产业应用状况

国家	新能源类型	应用领域	市场份额
巴西	生物乙醇	交通燃料	约占国家机动燃料总量的 50%（不包含柴油）
丹麦	风能	发电	约占本国发电总量的 20%

续表

国家	新能源类型	应用领域	市场份额
德国	太阳能、风能	发电	风电装机约占本国总装机的25%
法国	核能	发电	核电发电量约占本国发电总量的80%
美国	生物乙醇	交通燃料	约占国家机动燃料总量的8%左右（不包含柴油）
中国	太阳能	太阳能热水器	尽管其所占热水器总市场份额较小，但约占总新增市场20%

⊙ 太阳能

太阳能的直接转换利用是可持续发展的世界能源系统的基石。太阳能的利用方式主要可分为热利用、光利用和光化学利用三类。

早在1982年，美国加利福尼亚州就建成了发电能力为1万千瓦的太阳能热发电试验电站；1988年，美国加州已建成了10万千瓦的大型太阳能热发电电站。这种电站是利用太阳的热能产生蒸汽来进行发电。

另外还有一种更有发展前途的发电方式，就是光电转换，它是利用光电池来把太阳光直接转换成电能。世界光伏电池制造主要集中在日本、德国、美国、西班牙等发达国家。

我国太阳能发电主要分为光伏发电和光热发电。2010~2017年，我国太阳能光伏发电累计装机容量呈上升趋势，特别是2013年以来，上升速度较快。2017年，我国太阳能光伏发电累计装机容量为13025万千瓦，同比增长68.24%，涨幅较大，连续三年位居全球首位。

国家能源局下发了《太阳能发展“十三五”规划》，我国“十三五”太阳能利用主要指标见表10-3。

表10-3 我国“十三五”太阳能利用主要指标

指标类别	主要指标	2015年	2020年
装机容量指标（万千瓦）	光伏发电	4318	10500
	光热发电	1.39	500
	合计	4319	11000
发电量指标（亿千瓦时）	总发电量	396	1500

续表

指标类别	主要指标	2015 年	2020 年
热利用指标（亿平方米）	集热面积	4.42	8

⊙水能

世界河流水能资源理论蕴藏量为 40 万亿千瓦，技术可开发水能资源 14.37 万亿千瓦，经济可开发水能资源为 8.08 万亿千瓦。世界上大约 20% 的电力来源于水电，水电是目前技术成熟、利用效率最高、经济效益最好的一种可再生能源。

在我国，将单站装机在 5 万千瓦及以下的水电站及其配套电网称为小水电。由于小水电不会产生大量水体的集中以及移民问题，小水电成为大规模开发利用最早、技术最成熟的可再生能源。小水电是农村的重要能源，我国有 3 亿多人口主要靠小水电供电，小水电已成为我国农村经济迅速发展的重要行业。根据水利部发布的《2017 年农村水电年报》，截至 2017 年年底，全国共有农村水电站 47498 座，农村装机容量达到 7927.0 万千瓦，占全国水电总装机容量的 23.2%，占全国电力总装机量的 4.5%。

⊙ 风能

地球上近地层的风能总量达 1.3 万亿千瓦，据世界气象组织估计，全球可供利用的风能约为 200 亿千瓦。保守一点讲，在目前的技术条件下能够利用的风能总量至少有 10 亿千瓦，其中我国大约有 1.6 亿千瓦。风能的用途很广，包括风力提水、风能取暖、风帆助航、风力发电等。

风能发电设备利用现代化的技术和材料，以减轻其造价和重量，从而使控制系统提高性能。由德国 Enercon 有限责任公司制造的 E126 型风力涡轮机是目前最大型的风能涡轮发电机，最大发电能力达 0.6 万千瓦。英国在 2018 年安装了世界上最大的海上风力涡轮机并且还开辟了世界上最大的海上风电场。截至 2018 年年底，全球已建成海上风电累计装机容量 2200 万千瓦。

⊙ 生物质能

生物质是植物光合作用直接或间接转化产生的所有产物。目前，作为能源的生物质主要是指农业、林业及其他废弃物，如各种农作物秸秆、糖类作物、淀粉作物和油料作物、林业及木材加工废弃物、城市和工业有机废弃物以及动物粪便等。国外对生物质能源的开发主要利用了沼气技术、生物质热裂解气化技术、生物质液体燃料技术和生物质压缩技术等。

中国生物质能源的发展一直是在“改善农村能源”的观念和框架下运作，较早地起步于农村户用沼气，以后在秸秆气化上部署了试点。近年来，生物质能源在中国受到越来越多的关注，生物质能源的利用取得了显著的成绩。生物质能源种类主要有气体生物质燃料、固体生物质燃料和液体生物质燃料。

气体生物质燃料。气体生物质燃料包括沼气、生物质气化制气等。沼气技术是中国发展最早、较为普遍的生物质能技术。在生物质气化技术开发方面，中国对农林业废弃物等生物质资源的气化技术的深入研究始于20世纪80年代初期。生物质气化技术是一种热化学处理技术，是将固体生物质放入气化炉中进行加热从而转换成可燃性气体，以此用作燃料。我国的生物质气化技术在近30年取得了较大的进步，其中自行研制的用户气化炉及气化发电装置等已进入使用示范阶段，形成了不同系列的气化炉种类，从而满足不同种类物料的气化要求。

固体生物质燃料。固体生物质燃料分生物质直接燃烧或压缩成型燃料及生物质与煤混合燃烧为原料的燃料，是传统的能源转化形式。中国引进、研究生物质成型技术始于20世纪80年代初，后因多种原因进程缓慢下来，使成型燃料应用的时间落后了20多年。中国的固体生物质成型燃料的生产在近年已进入了工程化阶段，年产量由几万吨上升到了十万吨左右。

液体生物质燃料。液体生物质燃料是指通过生物质资源生产的燃料乙醇和生物柴油，可以替代由石油制取的汽油和柴油，是可再生能源开发利用的重要方向。2013年世界燃料乙醇产量约为7086万吨，约占交通运输燃料的4%，但几乎全部以淀粉类谷物或甘蔗为原料，其中中国占世界生物燃料总量的5.9%。目前国内液体生物质燃料生产尚不具备规模，一些核心技术难题尚待攻克，离大规模开发利用液体生物质燃料仍有一定的距离。

⊙ 地热能

地球的热能可以通过火山爆发、温泉、间歇喷泉、岩石的热传导等形式源源不断地带出地表，这就是地热能。人类很早以前就开始利用地热能，比如利用温泉沐浴、医疗，利用地下热水取暖、建造农作物温室、水产养殖及烘干谷物等。但真正认识地热能是在20世纪中叶。

地热发电装机容量和发电量世界排名前十位的是：美国、菲律宾、印度尼西亚、墨西哥、意大利、冰岛、新西兰、日本、萨尔瓦多、肯尼亚。利用热能量的世界排名前十位的是：中国、美国、瑞典、土耳其、日本、挪威、冰岛、法国、德国和荷兰。

⊙ 海洋能

海洋占地球表面的71%，是地球上尚未充分开发和利用的领域。海洋能包括潮汐能、波浪能、温差能、海流能、盐差能等，主要利用方式就是发电，除盐差能外，其他发电技术均得到不同程度的应用。但是海洋能还未成为电力的潜在重要来源，部分原因在于用于捕获海洋潮汐能的方法是多种多样的，研发和投资比较分散。虽然问题多、难度大，但是随着世界科技迅速发展，21世纪将是海洋能开发利用的新时代。

大约在11世纪就有了潮汐磨坊，一直使用到20世纪初。世界上最早利用潮汐能发电的是德国，在1912年建立布苏姆潮汐电站。1966年，法国建成了朗斯河口潮汐电站，证明了潮汐发电技术的可靠性和经济效益。目前，世界上最大的海上潮汐能电站在爱尔兰。

从19世纪中期开始，英国、美国等国家便开始了波浪发电装置的实验工作。英国在1985年和1999先后建造了两座振荡水波力电站。波浪发电研究逐渐以实用性、商业化的中小型装置为主。

1881年，利用海水温差能发电的设想由法国物理学家阿松瓦尔提出，目前全世界有8座温差能发电站。

海流能利用研究于20世纪70年代初开始。1973年，美国的莫顿教授提出了“科里奥利”方案，标志着海流能研究取得实质性进展。目前，世界海流能发电技术仍处于试验阶段。

最早的盐差能发电设想是1939年由美国人提出来的。1973年，以色列科学家首先研制了一台盐差能实验室发电装置，被能源界公认为盐差能研究的开始。其后，盐差能发电没有得到进一步发展。直到21世纪初，盐差发电才逐渐进入实用领域。

节能让我们的生活更加美好

随着人类对能源的需求量急剧增加，常规能源紧缺，为了保证能源供应质量和水平，减轻能源供应压力的最有效办法就是节能。如果现在我们不注意节约能源，将来总有一天能源都会用尽。到那时，我们要洗澡时没有了水，晚上做任何事没有了电，漆黑一片。很难想象没有了能源，世界会变成什么样子。节约能源，就要加强用能管理，采取技术上可行、经济上合理以及环境和社会可以承受的措施，从能源生产到消费的各个环节，降低消耗、减少损失和污染物排放、制止浪费，有效、合理地利用能源。只有节约与开发并举，把节约放在首位，我们的生活才会变得更美好。

节能创造高效社会

要节约能源，就要以专业化分工和提高社会效率为重点，要大力发展高技术产业，坚持走新型工业化道路，促进传统产业升级，提高高技术产业在工业中的比重。其中，重点扶持循环经济发展项目、节能降耗活动、减量减排技术创新补助等。

节能创造绿色生活

当你享用了电池给你带来的方便之后，你随手丢了一个废旧电池，也许你不觉得有什么，但是污染危害你知道吗？一节一号电池烂在地里，会使 $1m^2$ 的土壤永久失去利用价值；一粒钮扣大小的电池可使 600t 水受到污染，600t 相当于一个人一生的饮水量。这些有毒物质通过各种途径进入人体，长期积蓄难以排除，损害神经系统、造血功能和骨骼，甚至可能致癌。面对严峻的现实，现代人类需要冷静地检讨，转变生存、发展的思维和方式，以节能为荣，以环保为责。

家庭生活同样需要树立节能意识。不看电视时不要让电视机机顶盒长时间处于待机状态；给手机冲完电后要记得把充电器拔掉或切断充电器电源；出门记得随手关灯。节约用电不仅仅只是节省电费，其实每节约一度电相当于少消耗 40g 煤，少排放约 1kg 的二氧化碳和 30g 的二氧化硫。装修的简约设计可以让你不用为了“低碳”而购买昂贵的节能设施，要知道，真实的阳光赋予人类健康和愉悦的心情，也远比太阳能发电设备更具性价比。绿色建筑设计既扩大了空间，又节省了家具消费，还避免了不必要的造型设计，更减少了电能、热能的耗费，为“低碳”生活打下了良好的基础。

当前很多电器特别注重把节能环保的特性切实融入到我们的生活中。比如：变频空调，据统计，全直流变频空调比定频空调的能效比提高 50% 左右，普通直流变频空调比定频空调的能效比提高 40% 左右。在相同的条件下，变频空调噪声降低 5~6 分贝，而寿命则长 5~8 年。

节能创造美好未来

我们走在城市道路上，经常闻到一股浓烈的汽油味，烧汽油不但造成极大的能源消耗，还排放刺鼻的尾气，当然最重要的还是环境问题，近年大家都有切身的体会——天气异常。可喜的是，我们国家一直采取措施，比如身边的公交车有很多是用天然气代替汽油作为燃料，还逐步鼓励发展电动能源汽车等。

在发达国家、发达地区有一种叫 JCH 红绿信号灯，也叫爱心信号灯，它具有环保、节能、穿透力强的优点。不仅能像普通红绿灯那样指挥交通，还能用它的 LED 显示屏发布即时信息，传送路况信息、公众信息等便民利民的信息，使行人在等待红绿灯的同时迅速了解周边路况，轻松找到目的地。但在它给我们的生活提供极大便利的同时，最好在环保方面做进一步改进完善。每座城市爱心信号灯的数量之多不容小觑，电力的消耗巨大，间接对煤炭等资源的需求也将增加，也会给交通运输带来不小压力。最好为爱心信号灯安装太阳能发电装置。太阳能毫无污染，是最为清洁的能源；它的安全性也极高，不会像核能发电会有核泄漏的危险，更能象征一个城市科技文化软实力。当然现在太阳能技术还存在很多不足，不过随着科技的发展，相信更加环保节能的太阳能 JCH 信号灯会为我们创造更美好的未来。

第十一章 穿出自我亮生活——服饰

俗话说“人靠衣装马靠鞍”，如今服饰早起超出了单纯取暖的功效，人们不但要求服饰穿着舒适、得体，也要能体现个人情感、品味。服饰材料的化学性能决定了其穿着的舒适性、洗涤保养的特殊要求等，了解各类服饰材料的化学组成和性能将帮助我们如何正确使用和保养服饰。此外，各类新型服饰材料层出不穷，服饰材质已不局限于棉、毛、丝、麻。

虽然服饰千变万化，但总的来说，服饰材料主要分为纤维和皮革两大类。纤维，一般是指细而长的材料，具有弹性模量大、塑性形变小、强度较高等特点，有很高的结晶能力，相对分子质量大，一般为几万到十几万。主要有天然纤维和化学纤维。天然纤维又分为植物纤维、动物纤维和矿物纤维；化学纤维又分为人造纤维、合成纤维和无机纤维。皮革，是经脱毛和鞣制等物理、化学加工所得到的已经变性不易腐烂的动物皮。皮革是由天然蛋白质纤维在三维空间紧密编织构成的，其表面有一种特殊的粒面层，具有自然的粒纹和光泽，手感舒适。

天然纤维及其织物

天然纤维是自然界原有的或经人工培植的植物、人工饲养的动物上直接取得的纺织纤维，长期大量用于纺织的有棉、麻、毛、丝四种。棉和麻是植物纤维，植物纤维的主要成分是纤维素，是 β - 葡萄糖 $C_6H_{12}O_6$ 的聚合物，包括约 5000 个该糖的单体，燃烧时生成二氧化碳及水，无异味。毛和丝是动物纤维，主要成分为蛋白质，因为不被消化酵素作用，均呈空心管状结构。

棉纤维及其织物

⊙ 棉纤维

棉纤维是用来纺成棉纱、棉线来做棉织物的。

⊙棉织物特点

吸湿性强，缩水率较大。缩水率为 4%~10%。

耐碱不耐酸。棉布对无机酸极不稳定，即使很稀的硫酸也会使其受到破坏，但有机酸作用微弱，几乎不会破坏棉布。棉布较耐碱，一般稀碱在常温下对棉布不发生作用，但强碱作用下，棉布强度会下降。常利用 20% 的烧碱液处理棉布，可得到“丝光”棉布。

耐光性、耐热性一般。在阳光与大气中棉布会缓慢氧化，使强力下降。长期高温作用会使棉织物遭受破坏，但其能耐受 125~150°C 短暂高温处理。

不耐抑菌。微生物对棉织物有破坏作用，表现在不耐霉菌。

卫生性能良好。棉纤维是天然纤维，其主要成分是纤维素，还有少量的蜡状物质、含氮物与果胶质。纯棉织物经多方面查验和实践，其织品与肌肤接触无任何刺激，无副作用，久穿对人体有益无害。

麻纤维及其织物

⊙ 麻纤维

麻纤维是人类最早用来做衣着的纺织原料。埃及人利用亚麻纤维已有

8000年的历史，墓穴中的埃及木乃伊的裹尸布长达900多米。亚麻从埃及逐步传入欧洲，使欧洲成为亚麻布的重要产地。中国早在公元前4000年前的新石器时代已知采用苎麻作为纺织原料。浙江省吴兴县出土文物中发现的苎麻织物残片是公元前2700年前的遗物。湖南省长沙马王堆汉墓中也有精细的苎麻布。在苎麻织物之前，中国更早就用葛和大麻织制服用布。《诗经》中就有“东门之池，可以沤苎”的诗句。

韧皮纤维和叶纤维统称为麻纤维，是从各种麻类植物的茎、叶片、叶鞘中获得的可供纺织用的纤维。麻纤维的主要成分是纤维素，并含有一定数量的半纤维素、木质素和果胶等。主要品种有蕉麻、黄麻、苎麻、大麻、剑麻、亚麻等。

⊙ 麻织物特点

麻织物强度高、吸湿性好、导热强。其强度居天然纤维之首。其中苎麻的强度最高，亚麻布、黄麻布次之。因此，各种麻布的质地均较坚固耐用。

染色性能好。麻布色泽鲜艳，不易褪色。

耐酸、碱性好。对酸、碱都不太敏感，在烧碱中可发生丝光作用，光泽增强；在稀酸中短时间（1~2分钟）作用后，基本上不发生变化。当然，强酸仍对其构成伤害。

抗霉菌性好。麻织物不易受潮发霉。

毛纤维及其织物

⊙ 毛纤维

羊毛纤维有绵羊毛、山羊毛、兔毛等，纺织用毛纤维以绵羊毛为主。绵羊毛通称羊毛，是纺织工业的一种重要原料，占天然毛类纤维总量的70%~80%。除此以外，还有其他一些特种动物纤维，如山羊绒、安哥拉兔毛、羊驼毛、驼绒等，它们具有产量稀少、风格独特、典雅高贵的特点，是高级时装的首选原料。

动物毛纤维的基本组成物质为角蛋白质，其化学组成中含有碳、氢、氧、氮、硫等元素。动物毛纤维的细胞结构分为三部分：包覆在毛干外部的为磷片层；组成毛纤维实体主要部分为皮质层；另外，有的毛干中心有髓质层，细毛没有髓质层。

绵羊毛主要产地为澳大利亚、新西兰、中国和南美洲一些国家。

澳大利亚是世界上产毛量最高的国家，约占世界总产量的1/3。其中75%为美利奴羊毛。美利奴羊毛原产于西班牙，属于细毛羊，具有毛丛长而整齐、强度大、弹性好、光泽好、杂质少等特点，是精纺毛制品的优良原料。

新西兰羊毛较粗，属于半细毛，羊毛纤维长度长，光泽好。

中国的新疆、青海、内蒙古等地主要生产以引进的美利奴羊进行改良细毛为主，品质较好；另外，中国的绵羊毛品质因产地、品种等因素差异较大，生产羊毛的牧区分布较广，其中产量较高的半细毛存在着长度偏短、手感粗糙、光泽较差等不足。

⊙ 羊绒

羊绒不同于羊毛，羊毛生长在绵羊身上，羊绒只生长在山羊身上。羊绒的产量极其有限，一只绒山羊每年产毛绒（除去杂质后的净绒）50~80g，平均每五只山羊的绒才够做一件羊绒衫。羊绒品质优秀，交易中以克论价，所以在国际上被誉为“钻石纤维”“软黄金”。世界上的绒山羊主要生长在中国北方、蒙古、伊朗、阿富汗一带的高寒、半荒漠地区。全世界羊绒总产量占动物纤维总量的0.2%。我国的羊绒产量占世界总产量的60%，内蒙古的产量又占全国的60%，其中尤以内蒙古西部阿尔巴斯地区绒山羊的绒质最好。

羊绒是长在山羊外表皮层，掩在山羊长毛根部的一层细软的绒毛，入冬寒冷时长出，春天变暖时逐渐脱落。它与羊毛及其他纤维相比，具有纤细、柔软、滑糯、轻盈、保暖、光泽柔和、弹力强等特性，弥补了羊毛厚重、粗涩、弹性差、缩水率大等缺点，羊绒较同样厚度的羊毛面料重量轻很多，且多为绒面风格，特别适合做毛衫、内衣、披肩等，贴身穿着时非常舒适，是任何纤维无法比拟的。

⊙ 毛织物特点

保形性优良。挺括，抗皱性好，保形性（弹性、回弹性及可塑性）好。

穿着舒适。吸湿性、保暖性好，穿着舒适。

染色性能优良。因其耐酸，可采用酸性染料等，染色性能好，染色坚牢。

蚕丝及其织物

⊙ 蚕丝

据考古发现，约在4700年前中国已利用蚕丝制作丝线，编织丝带和简单的丝织品。商周时期用蚕丝织制罗、绫、纨、纱、绉、绮、锦、绣等丝织品。蚕丝质轻而细长，织物光泽好，穿着舒适，手感滑爽丰满，吸湿透气，用于织制各种绸缎和针织品，并用于工业、国防和医药等领域。

蚕丝，是熟蚕结茧时分泌丝液凝固而成的连续长纤维，也称“天然丝”。蚕丝是天然蛋白类纤维，是自然界中最轻最柔最细的天然纤维，撤销外力后可轻松恢复原状。桑蚕丝主要由动物蛋白组成，富含十八种人体所必须的氨基酸，能促进皮肤细胞活力，防血管硬化，长期使用可防皮肤衰老，对某些皮肤病有特殊的止痒效果，对关节炎、肩周炎、哮喘病有一定的保健作用。

⊙ 真丝织物特点

舒适感。真丝绸是由蛋白纤维组成的，与人体有极好的生物相容性，加之表面光滑，其对人体的摩擦刺激系数在各类纤维中是最低的，仅为7.4%。因此，当娇嫩肌肤与滑爽细腻的丝绸邂逅时，丝绸以其特有的柔顺质感，依着人体的曲线，体贴而又安全地呵护着我们的每一寸肌肤。

吸、放湿性及保暖性。蚕丝蛋白纤维富集了许多氨基（— CHNH — NH_2）等亲水性基团，又由于其多孔性，易于水分子扩散，所以它能在空气中吸收水分或散发水分，并保持一定的水分。在正常气温下，它可以帮助皮肤保有一定的水分，不使皮肤过于干燥；在夏季穿着，又可将人体排出的汗水及热量迅速散发，使人感到凉爽无比。

它的保暖性得益于它的多孔隙纤维结构。在一根蚕丝纤维里有许多极细小的纤维，而这些细小的纤维又是由更为细小的纤维组成。因此，看似实心的蚕丝实际上有38%以上是空心的，在这些孔隙中存在着大量的空气，这些空气阻止了热量的散发，使丝绸具有很好的保暖性。

吸音、吸尘、耐热。真丝织物有较高的空隙率，因而具有很好的吸音性与吸气效果，所以除制作服装外，还可用于室内装饰，如真丝地毯、挂毯、窗帘、墙布等。用真丝装饰品布置房间，不仅能将有害气体、灰尘、微生物吸收掉，而且能保持室内安静。

真丝纤维的热变性小，比较耐热。它在加热到100°C时，只有5%~8%脆化，而大多数合成纤维的热变度要比真丝大4~5倍。

抗紫外线。丝蛋白中的色氨酸、酪氨酸能吸收紫外线，因此，丝绸具有较好的抗紫外线功能。当然，丝绸在吸收紫外线后，自身会发生化学变化，从而使丝织品在日光的照射下泛黄。

蚕丝被，采用上等的蚕丝，以新颖的阡陌结构，使水汽自由流通。加上蚕丝本身特有的透气、透湿性能，使蚕丝被感觉更加滑爽不温，温而不燥。蚕丝柔软又富有弹性，在极短的时间内即可将被内温度调至与体温相当，寒冷时保持热量，炎热时排除热气，具有天然的调节功能，达到冬暖夏凉的效果。

化学纤维及其织物

化学纤维是以天然的或人工合成的高分子物质为原料，经过化学或物理方法加工而成的纤维的统称。化学纤维的合成经历了复杂的历史过程，20世纪80年代，合成纤维产量超过了天然纤维产量。

因所用高分子化合物来源不同，可分为以天然高分子物质（如纤维素或蛋白质）为原料的人造纤维和以合成高分子物质（如从石油、煤中提取、合成）为原料的合成纤维。

人造纤维及其织物

⊙ 人造纤维素纤维

黏胶纤维。黏胶纤维是指从木材和植物等纤维素原料中提取的 α- 纤维素，或以棉短绒为原料，经加工成纺丝原液，再经湿法纺丝制成的人造纤维。采用不同的原料和纺丝工艺，可以分别得到普通黏胶纤维、高湿模量黏胶纤维和高强力黏胶纤维等。普通黏胶纤维具有一般的力学性能和化学性能，又分棉型、毛型和丝型，俗称人造棉（简称人棉）、人造毛和人造丝。在主要纺织纤维中，黏胶纤维的含湿率最符合人体皮肤的生理要求，具有光滑凉爽、透气、抗静电、染色绚丽等特性。高强力黏胶纤维还可用于轮胎帘子线、运输带等工业用品。

醋脂纤维。醋酯纤维又称醋酯纤维素，是以醋酸和纤维素为原料经酯化反应制得的人造纤维。

醋酯纤维酷似丝纤维，所以大家都把它当做丝的替身，用作裙子或外套的里布。醋酯纤维不易着火，可以用于制造烟用滤嘴、纺织品、片基、塑料制品等。醋酯纤维做卷烟过滤嘴材料时，弹性好、无毒、无味、热稳定性好、吸阻小、截滤效果显著，能选择性地吸附卷烟中的有害成分，同时又保留了一定的烟碱而不失香烟口味；醋酸短纤制成的非织造布可以用于外科手术包扎，与伤口不粘连，是高级医疗卫生材料。

Lyocell 纤维。Lyocell 纤维是将纤维素浆粕直接溶解在有机溶剂 *N*- 甲基吗啉 -*N*- 氧化物（简称 NMMO）和水的混合物中，经特殊纺丝后形成的纤维素纤维。NNMO 是环境友好型溶剂，不会造成环境污染，且比传统的黏胶工艺少了碱化、老成、黄化和熟成等工序，生产流程大大缩短，提高了生产效率。

纯 Lyocell 织物具有珍珠般光泽，固有的流动感使其织物看上去轻薄而具有良好的悬垂性。Lyocell 纤维由于其优异的服用性能，可纯纺或与棉、麻、丝、毛、合成纤维、黏胶纤维进行混纺或混织，改善其他纤维的性能。由其纱线织造的织物富有光泽、柔软光滑、手感自然、优良的悬垂性、良好的透气性和穿着舒适性。通过不同的纺织和针织工艺可织造不同风格的纯纺织物和混纺织物，用于高档牛仔服、女士内衣、时装以及男式高级衬衣、休闲服和便装等。

⊙ 人造蛋白质纤维

大豆蛋白纤维。大豆蛋白纤维是采用化学、生物学的方法以脱去油脂的大豆豆粕作原料，经接枝、共聚、共混、纺丝及后处理而得到大豆蛋白纤维的短纤维。这种单丝纤细、比重轻、强伸度高、耐酸耐碱性强、吸湿导湿性好，具有羊绒般柔软手感，蚕丝般柔和光泽，棉般保暖性和亲肤感。

以 50% 以上的大豆蛋白纤维与羊绒混纺成高支纱，用于生产春、秋、冬季的薄型绒衫，其效果与纯羊绒一样滑糯、轻盈、柔软，能保留精纺面料的光泽和细腻感，增加滑糯手感，是生产轻薄柔软型高级西装和大衣的理想面料。

用大豆蛋白纤维与真丝交织或与绢丝混纺制成的面料，既能保持丝绸亮泽、飘逸的特点，又能改善其悬垂性，消除产生汗渍及吸湿后贴肤的特点，是制作睡衣、衬衫、晚礼服等高档服装的理想面料。

此外，大豆纤维与亚麻等麻纤维混纺，是制作功能性内衣及夏季服装的理想面料；与棉混纺的高支纱，是制造高档衬衫、高级寝卧具的理想材料；或者加入少量氨纶，手感柔软舒适，用于制作 T 恤、内衣、沙滩装、休闲服、运动服、时尚女装等，极具休闲风格。

牛奶蛋白纤维。牛奶蛋白纤维是以牛乳为基本原料，经过脱水、脱油、脱脂、分离、提纯，使之成为一种具有线型大分子结构的乳酪蛋白；再与聚丙烯腈采用高科技手段进行共混、交联、接枝，纺丝以及后整理而成的。

牛奶蛋白纤维具有天然持久的抑菌功能，对金黄色葡萄球菌、白色念珠菌、真菌、霉菌的广谱抑菌率达到80%以上；由于纤维中活性蛋白的作用，可滋润肌肤。以牛奶蛋白纤维与其他纤维混纺交织的家纺面料，质地细密轻盈，透气爽滑，面料光泽优雅华贵，色彩艳丽。

以牛奶蛋白纤维绒为填充物制成的牛奶被温顺松软，保温性能良好且富有弹性，具有促进睡眠、防螨抗菌的功能，特别适用于过敏体质的人群。

牛奶蛋白纤维家纺用品保管方便，除洗涤时不要使用强碱性洗涤剂外，不需要任何特殊处理。

合成纤维及其织物

聚酰胺纤维。聚酰胺纤维又称锦纶或尼龙。它是世界上最早的合成纤维品种，由于性能优良，原料资源丰富，一直被广泛使用。锦纶的品种很多，有锦纶 6、锦纶 66、锦纶 11、锦纶 610，其中最主要的是锦纶 66 和锦纶 6。各种锦纶的性质不完全相同，共同的特点是大分子主链上都有酰胺链，能够吸附水分子，可以形成结晶结构，耐磨性能极为优良，都是优良的衣着用纤维。锦纶的强力、耐磨性好，居所有纤维之首。

聚酰胺纤维的用途很广，长丝可制做袜子、内衣、衬衣、运动衫、滑雪衫、雨衣等；短纤维可与棉、毛和黏胶纤维混纺，使混纺织物具有良好的耐磨性和强度。还可以用作尼龙搭扣带、地毯、装饰布等；在工业上主要用于制造帘子布、传送带、渔网、缆绳、篷帆等。

聚酯纤维。俗称的确良、涤纶或聚酯棉，是一种聚合物。涤纶有优良的抗皱性、弹性和尺寸稳定性，有良好的电绝缘性能，耐日光，耐摩擦，不霉不蛀，有较好的耐化学试剂性能，能耐弱酸及弱碱。在室温下，有一定的耐稀强酸的能力，耐强碱性较差。

涤纶具有许多优良的纺织性能和服用性能，用途广泛，可以纯纺织造，也可与棉、毛、丝、麻等天然纤维和其他化学纤维混纺交织，制成花色繁多、坚牢挺括、易洗易干、免烫和洗可穿性能良好的仿毛、仿棉、仿丝、仿麻织物。涤纶织物适用于男女衬衫、外衣、儿童衣着、室内装饰织物和地毯等。由于涤纶具有良好的弹性和蓬松性，也可用作絮棉。在工业上高强度涤纶可用作轮胎帘子线、运输带、消防水管、缆绳、渔网等，也可用作电绝缘材料、耐酸过滤布和造纸毛毯等。用涤纶制作非织造布可用于室内装饰物、地毯底布、医药工业用布、絮绒、衬里等。

聚丙烯腈纤维。又称腈纶、人造羊毛。它主要用于生产短纤维，用以代替羊毛纯纺，或跟羊毛和其他化纤毛型产品混纺，如腈纶膨体纱、混纺毛线及各种混纺衣料。腈纶长丝能织成绸缎，还是生产工业用石墨纤维和碳纤维的原料。

腈纶的优点：质轻而柔软，蓬松而保暖，外观和手感很像羊毛，强度比羊毛高，密度比羊毛小，保暖性和弹性较好；耐气候性和耐日晒性好，耐酸腐蚀，不霉不蛀。腈纶的主要缺点：强度不高，弹性不如羊毛；耐磨性、抗疲劳性和耐碱性也较差，染色性能不够好。

聚乙烯醇缩醛纤维。商品名为维纶，也叫维尼纶。主要与棉纤维混纺，少量与黏胶纤维混纺，制成隐条、隐格。工业上做帆布、过滤布、输送带、包装材料和劳动保护品，更宜做渔网、舰船绳缆等。

维纶的主要优点：吸湿性大，是合成纤维中吸湿性最大的品种，吸湿率为4.5%~5%，接近于棉花（8%），号称“合成棉花”；密度小，强度和耐磨性较好，比棉纤维高5倍多；耐酸、耐碱、耐日晒、不霉不蛀。维纶的主要缺点：弹性差，抗变形能力差，在湿热状态下会发生收缩；耐光、耐热性较差，不容易染色，织物不够挺括。

聚丙烯纤维。又称丙纶，主要用于生产不经传统的机织、针织或编织等加工制成的无经、无纬之别的纺织品，广泛用于建筑、水利、装潢、医疗和服装等各个行业。丙纶经改性后能制成抗老化、着色和吸水性好的特色纤维。

丙纶的主要优点：密度小，能浮在水面上，是最轻的合成纤维；吸水性小，耐磨性好，耐磨性能仅次于锦纶，不霉不蛀；耐酸、耐碱、弹性较好，强度高，有优良的电绝缘性和力学性能。丙纶的主要缺点：耐光、耐热性较差；易老化，染色困难。

聚氯乙烯纤维。又称氯纶，可用于制作防火帘、地毯、沙发套、舞台幕布、家具装饰织物和工作服等。由于易产生摩擦负电性，制成的内衣可减轻神经痛和风湿痛，因而可用于制作针织内衣、运动衫、绒线衣、睡袋垫料等。

氯纶的主要优点：难燃，遇火不燃烧，离火后自熄；化学稳定性好，耐强酸强碱、氧化剂和还原剂；保暖性也较好。氯纶的主要缺点：耐热性差，不能熨烫，不能用蒸汽消毒或用沸水洗涤（在沸水中收缩率达50%），染色较困难。

聚氨酯弹性纤维。又称氨纶，是一种高弹性纤维。

氨纶的主要优点：高弹性、高回复性，较耐酸、耐碱、耐光。氨纶的主要缺点：强度较低，吸湿性差，耐热性差。

目前氨纶广泛用于弹力面料、运动服、袜子等产品中。在传统纺织品中，只需加入不到10%的氨纶，就可以使传统织物的档次大为提高，显示出柔软、舒适、美观、高雅的风格。

芳族聚酰胺纤维。又称芳纶。主要品种有聚对苯二甲酰对苯二胺纤维（芳纶1414）、聚间苯二甲酰间苯二胺纤维（芳纶1313）和聚对苯甲酰胺纤维等。

芳纶1414是强度较高的合成纤维，主要用作轮胎帘子线、橡胶补强材料、特种绳索和工业织物（如防弹衣），制成增强塑料用于航天器、导弹壳体等高技术领域。

芳纶1313目前主要用于制作高温下使用的过滤材料、输送带以及电绝缘材料等；用于制作防火帘、防燃手套、消防服、耐热工作服、降落伞、飞行服、宇宙航行服及防热辐射和防化学药品的防护服等；还可用于制作民航客机或某些高级轿车用的阻燃装饰织物。芳纶1313中空纤维还可按反渗透原理用于咸水与海水淡化处理。

碳纤维。碳纤维最为突出的性能是强度高、模量高、密度低。此外，还有耐高温、耐疲劳、热膨胀系数小、摩擦系数小、热传导性好；耐腐蚀，能耐浓盐酸、硫酸、磷酸、苯、丙酮等介质的浸蚀；与其他材料相容性高，与生物的相容性好；又兼备纺织纤维的柔软可加工性，易于复合，设计自由度大，可进行多种设计，以满足不同产品的性能与要求。

碳纤维不单独使用，它一般加入树脂、金属或陶瓷等基体中，作为复合材料的骨架材料，是制造宇宙飞船、火箭、导弹、高速飞机以及大型客机等不可缺少的组成原料。

超高分子量聚乙烯纤维。超高分子量聚乙烯纤维是由超高分子量聚乙烯制备，具有高强度、高模量。

超高分子量聚乙烯纤维的高端市场是绳网制造业，其次是用于军工装配用防弹片。主要用于制造防刺服、防弹衣、防弹头盔、绳缆、远洋渔网、渔线、劳动防护装备等。

天然纤维服装的选购与保养

纯棉服装的选购与保养

⊙如何选购纯棉服装

棉针织内衣的缩水率较高，购买时，首先应该选择面料组织较密实、做工精细、标识齐全的产品，同时还要注意型号应该适当偏大，以留有缩量。注意纯棉及含棉类服装的安全指标。选购纯棉内衣，应避免选深色、涂料印花以及经过柔软、硬挺、免熨烫加工的服装。

⊙ 纯棉服装的洗涤与保养

穿前充分水洗。纯棉服装，在穿之前应进行充分水洗。这样，可以使残留在服装上的甲醛充分释放。

勿用酸洗。纯棉织物耐碱不耐酸，洗涤时用普通洗衣粉、肥皂即可，可手洗也可机洗。

注意防皱。晾晒前，可采用洗衣机脱水；晾晒时，尽量将衣物拉平并将衣物反面朝外。纯棉服装易起皱，晾晒八九成干时，取下折叠好压平，再晾干就会平整无皱。

注意防潮。纯棉服装易吸潮，存放时，应放在衣柜中，避免潮气和酸气的侵蚀。

亚麻服装的选购与保养

⊙ 如何选购亚麻服装

在选购亚麻服装时，要做到一看二摸三烧。具体是指纯亚麻制品面料上有天然的云状图纹；用手摸时有凉爽的感觉；用力握会产生褶皱；用火烧则有白烟产生，并伴有烧纸味，燃烧后无黑炭，不结胶；纯亚麻制品还有隐隐的麻香。此外，优质亚麻制品表面光泽度好，纹路清晰，无麻粒子，无明显色差，无油迹和斑迹，抗撕扯性强。

⊙ 亚麻服装的洗涤与保养

保养亚麻服装的关键就是洗涤和熨烫。洗涤的时候一定要掌握好水温，水的温度不能过高，应该控制在40°C以下。亚麻织物可以机洗，但一定要用凉水。洗涤亚麻服装时应该选用中性的洗涤剂。另外，一定不要让亚麻服装接触到酸性物质，亚麻是植物纤维，对酸很敏感，否则很容易烧坏衣服。

亚麻服装熨烫时要掌握的技巧主要是温度。温度要控制在200~230°C，并且最好在衣服半干的时候熨烫，这样，熨烫出来的效果是最理想的。亚麻织物在熨烫之后，其清雅飘逸的织物风格就突出地表现出来了。

参照亚麻服装上的洗涤保养说明进行。只有这样，才能够做到全面和安全地护理。

羊绒制品的选购与保养

⊙ 如何挑选羊绒衫

在挑选羊绒衫时，品质好的羊绒衫手感柔软、滑腻富有弹性，质地挺括。另外一个鉴定的标准是看其密度：好的羊绒衫编制精细、线道圆顺、表面平整无瑕疵、做工考究。将羊绒衫拉展、松手，应及时恢复原形，品质较差的羊绒衫结构松散，弹性较差，易变形。

⊙ 羊绒衫穿着的注意事项

防止起毛起球。羊绒衫易起球、起静电，穿着时应注意，西装内袋勿装硬物、勿插笔类等，以免局部摩擦起球，外穿时尽量减少与硬物的摩擦（袖子与桌面、袖子与沙发扶手、背部与沙发等长时间摩擦）和强拉硬拽。

注意穿着、洗涤次数。羊绒衫穿着时应注意周围环境，以免弄脏羊绒衫，羊绒衫频繁洗涤会降低使用寿命。羊绒衫穿着时注意间歇期，以防羊绒制品的疲劳和静电。

注意减少腐蚀性物质和油污。穿着时注意防腐蚀性物质和油污，以减小对羊绒衫的损伤。

⊙ 羊绒衫的洗涤

一般情况下应干洗，日常生活中也可以采用手洗，切不可用洗衣机洗涤。精纺羊绒衫则必须干洗。对粗纺羊绒衫来说，洗涤前要仔细检查衣物上是否有油污，若有，用软的棉花蘸上乙醚在上面轻擦，将去完油污的羊绒衫放到30°C并加有适量毛织物专用洗涤剂的水中，用手轻洗，然后用同样温度的清水清洗，直到洗干净为止。提花或多色羊绒衫不宜浸泡，不同颜色的羊绒衫也不宜一起洗涤，以免沾色。洗净后的羊绒衫脱水后放在下铺毛巾的平台，用手整理至原形，阴干，用蒸汽熨斗熨整即可，切忌悬挂暴晒，以免变色变形。

⊙ 羊绒制品的保养

羊绒衫在不穿着时放置在通风避光干燥的地方，装袋后保存，切勿悬挂。羊绒大衣和羊绒毯宜干洗。

在衣柜内放置少许干燥剂和防虫蛀剂。

丝绸制品的选购与保养

⊙ 如何辨别真假丝绸

眼看手摸。最简单直接的方法就是眼观手摸。看面料光泽是否柔和明亮；色泽是否鲜明匀称，有无色差、色档、色花；表面有无毛丝夹起，有无断经、缺纬等瑕疵；手感是否柔软糯滑，手抚绸面时有无拉手感。如无上述感觉，则不是真丝绸。

摩擦。比较干燥的丝绸，相互摩擦时会发出清脆的声响，俗称丝鸣。如无丝鸣现象，则是化纤绸而不是真丝绸。

燃烧。根据它们的成分不同，可以通过燃烧来辨别。从面料断边抽取一束丝纱，用火柴点燃。真丝绸燃烧缓慢，先是卷缩成一团，散发出类似烧毛发或禽毛的气味；燃烧后成黑褐色小球状，手触即碎成粉末状；丝束离开火焰后，即停止燃烧。

⊙ 如何挑选环保健康的蚕丝被

首先，蚕丝分桑蚕丝和柞蚕丝，二者之间的价格差距很大。桑蚕丝被的手感、纤维长短与使用效果都优于柞蚕丝被，但柞蚕丝被在弹性方面好于桑蚕丝被，所以柞蚕丝被会更加蓬松。挑选时，一般遵循七个步骤。

一看。目前市场上有很多蚕丝被标注 100% 蚕丝，这是有问题的，因为桑蚕丝被和柞蚕丝被都可以叫作蚕丝被。

二查。优质蚕丝应为乳白色略黄，蚕丝表面有柔和的光泽，不发黑，不发涩，内部无成团的絮状碎蚕丝。

三拉。从封样口拉出少量蚕丝，如果很好拉，则多半是假的。

四烧。用打火机灼烧是否有烧焦的羽毛味。

五揉。用手先揉看样口的蚕丝，然后揉其他地方，如果手感不一，证明里面添加了其他成分。

六压。把蚕丝被折好后用力压一下，回弹是否比较慢。

七闻。桑蚕丝被有淡淡的清香味。

一般蚕丝被的蚕丝被芯不可水洗、不可干洗、不可氯漂、不可熨烫、不可暴晒。因为蚕丝不容易产生静电的，不会像化纤被、羊毛被一样吸附灰尘和脏东西，里面就算用了好几年也是很干净的。所以只要不是特殊情况就不用去洗里面的被芯，只要清洗外面的被套就可以了。

⊙ 丝绸的洗涤

蚕丝纤维耐酸不耐碱，应避免使用碱性太强的洗衣液和肥皂洗涤，以防纤维受到损伤。肥皂还会与水中的钙、镁离子结合形成皂垢沉积在丝纤维上，使丝绸泛黄、粗硬。正确的方法应该是选用碱性弱、抗硬水的丝毛专用洗涤剂，在温水中轻揉轻搓，一般不宜机洗，更不可刷洗。洗后不可绞拧以防丝缕位移、绸面发纰。蚕丝蛋白质分子在日光下会发生光化学反应引起泛黄和脆损，因此只能阴干，不宜暴晒。丝绸易起皱，洗后熨烫很有必要，适宜的温度还能使晾干后粗硬的手感变得柔软，但温度超过130°C 后会导致泛黄。熨烫时切忌喷水，以防产生水痕影响美观。

⊙ 丝绸的收藏

防微生物。丝绸的质地与羊毛相仿，它们同属蛋白质纤维，都容易被蛀虫侵蚀，造成破洞。当遇到合适的湿度时，也容易繁殖细菌造成的霉斑。所以，在收藏丝绸服装之前，应该先将衣物清洗干净，放在阴凉处风干凉透，以便将衣物上的虫卵和细菌尽可能被清除掉。

防晒。注意丝绸不耐阳光曝晒，否则会使蛋白质发生变性而导致衣物泛黄。衣柜中要放一些樟脑丸以驱逐和杀灭蛀虫，但要尽量避免过多使用萘丸等化学驱虫剂，因为丝纤维长时间暴露在多环芳香烃的环境中也会导致丝素蛋白质黄变。有条件的话可采用一些天然芳香植物来驱虫防霉。

防压。丝绸衣物不耐重压，特别是丝绒服装折压后会产生难以回复的折皱印痕。如有可能，尽量把它们悬挂在衣柜之中，以保持丝绒织物的绒毛挺立不起皱印。

皮革

皮革的分类

⊙ 按用途分类

皮革按用途分为生活用革、国防用革、工农业用革、文化体育用革。

⊙ 按鞣制方法分类

皮革按鞣制方法分为铬鞣革、植鞣革、油鞣革、醛鞣革和结合鞣革等。此外，还可分为轻革和重革。一般用于鞋面、服装、手套等的革称为轻革，按面积计量；用较厚的动物皮经植物鞣剂或结合鞣制，用于皮鞋内、外底及工业配件等的革称为重革，按重量计量。

⊙ 按动物种类分类

皮革按动物种类分，主要有猪皮革、牛皮革、羊皮革、马皮革、驴皮革和袋鼠皮革等，另有少量的鱼皮革、爬行类动物皮革、两栖类动物皮革、鸵鸟皮革等。其中牛皮革又分黄牛皮革、水牛皮革、牦牛皮革和犏牛皮革；羊皮革分为绵羊皮革和山羊皮革。其中的黄牛皮革和绵羊皮革，其表面平细，毛眼小，内在结构细密紧实，革身具有较好的丰满和弹性感，物理性能好。因此，优等黄牛革和绵羊革一般用作高档制品的皮料。

⊙ 按层次分类

皮革按层次分，头层革和二层革，其中头层革有全粒面革和修面革；二层革又有猪二层革和牛二层革等。

⊙ 按制造方式分类

真皮。“真皮”在皮革制品市场上是常见的字眼，是人们为区别合成革而对天然皮革的一种习惯叫法。动物革是一种自然皮革，即我们常说的真皮，是由动物（生皮）经皮革厂鞣制加工后，制成各种特性、强度、手感、色彩、花纹的皮具材料，是现代真皮制品的必需材料。其中，牛皮、羊皮和猪皮是制革所用原料的三大皮种。

再生皮。将各种动物的废皮及真皮下脚料粉碎后，调配化工原料加工制作而成。其特点是皮张边缘较整齐、利用率高、价格便宜；但皮身一般较厚，强度较差，只适宜制作平价公文箱、拉杆袋、球杆套等定型工艺产品和平价皮带，其纵切面纤维组织均匀一致，可辨认出流质物混合纤维的凝固效果。

人造革。人造革也叫仿皮或胶料，是PVC和PU等人造材料的总称。它是在纺织布基或非织造布基上，由各种不同配方的PVC和PU等发泡或覆膜加工制作而成，可以根据不同强度、耐磨度、耐寒度以及色彩、光泽、花纹图案等要求加工制成，具有花色品种繁多、防水性能好、边幅整齐、利用率高和价格相对真皮便宜的特点。

合成革。合成革是模拟天然革的组成和结构并可作为其代用材料的塑料制品。表面主要是聚氨脂，基料是涤纶、棉、丙纶等合成纤维制成的非织造布。其正、反面都与皮革十分相似，并具有一定的透气性。特点是光泽漂亮，不易发霉和虫蛀，并且比普通人造革更接近天然革。

皮革的鉴定

⊙ 如何识别真皮

手摸。即用手触摸皮革表面，如有滑爽、柔软、丰满、弹性的感觉就是真皮；而一般人造合成革面发涩、死板、柔软性差。

眼看。真皮革面有较清晰的毛孔、花纹，黄牛皮有较匀称的细毛孔，牦牛皮有较粗而稀疏的毛孔，山羊皮有鱼鳞状的毛孔。

嗅味。凡是真皮都有皮革的气味；而人造革都具有刺激性较强的塑料气味。

点燃。从真皮革和人造革背面撕下一点纤维，点燃后，凡发出刺鼻的气味，结成硬疙瘩的是人造革；凡是发出毛发气味，不结硬疙瘩的是真皮。

⊙ 牛、猪、马、羊革的特点

牛革。黄牛革和水牛革都称为牛革，但二者也有一定的差别。黄牛革表面的毛孔呈圆形，较直地伸入革内，毛孔紧密而均匀，排列不规则，好像满天星斗；水牛革表面的毛孔比黄牛革粗大，毛孔数较黄牛革稀少，革质较松弛，不如黄牛革细致丰满。

猪革。革表面的毛孔圆而粗大，较倾斜地伸入革内。毛孔的排列为三根一组，革面呈现许多小三角形的图案。

马革。革表面的毛也呈椭圆形，比黄牛革毛孔稍大，排列较有规律。

羊革。革粒面的毛孔扁圆，毛孔清楚，几根组成一组，排列呈鱼鳞状。

皮革服装保养常识

由于牛皮、羊皮、猪皮的主要成分是蛋白质，所以都容易受潮、起霹、生虫。为此，在穿着皮装时，要避免接触油污、酸性和碱性等物质。

皮革服装最好经常穿，并常用细绒布揩擦。如果遇到雨淋受潮或发生霉变，可用软干布擦去水渍或霉点。但千万不要用水和汽油涂擦，因为水能使皮革变硬，汽油能使皮革的油分挥发而干裂。

皮革服装起皱，可用熨斗熨烫，温度可掌握在 60~70℃。烫时要用薄棉布作衬烫布，同时要不停地移动熨斗。

皮革服装失去光泽，可用皮革上光剂上光，切莫用皮鞋油去揩擦。实际上给皮革上光并不难，只要用布蘸点上光剂在皮衣上轻轻徐擦一两遍即可，一般只要每隔两三年上一次光。

皮革服装如撕裂或破损时，应及时进行修补。如果是小裂痕，可在裂痕处涂点鸡蛋清，裂痕即可黏合。

皮革服装不穿时，最好用衣架晾起来，或平放，但要放在其他衣物的上面，以免起皱，影响美观。

皮革服装在收藏前要晾一下，不能曝晒，挂在阴凉干燥处通通风即可。为使皮革服装在较长时间内保持色泽美观，在收藏前可在皮面上涂一层牛奶或甘油，这样就能长期存放而不变色。

点睛出彩有珍品——饰品

市场上各种材质、款式的饰品深受不同年龄、不同职业人群的喜爱。饰品可以说已经成为现代女性的标配，也在众多方面装饰着男性的用品。当如何在琳琅满目的饰品柜中选购饰品呢？何种贵重金属、岩石可以成为璀璨夺目的饰品呢？又该如何保养自己珍爱的饰品呢？了解和掌握本章关于饰品的化学知识，将帮助我们更好地选购、使用和保养饰品。

黄金

黄金是一种贵重金属，是人类最早发现和开发利用的金属之一。它是制作首饰和钱币的重要原料，又是国家的重要储备物资，素以“金属之王”著称。它不仅被视为美好和富有的象征，而且还以其特有的价值，造福于人类的生活。

黄金纯度的表示方法

黄金及其制品的纯度叫作“成”或者“成色”。人们习惯上根据成色的高低把熟金分为纯金、赤金、色金。①经过提纯后达到相当高的纯度的金称为纯金，黄金一般指达到99.6%以上成色的纯金。②赤金和纯金的意思相接近，但因时间和地区的不同，赤金的标准有所不同，国际市场出售的黄金，成色达99.6%的称为赤金，而境内的赤金成色一般在99.2~99.6%。③色金，也称“次金”“潮金”，是指成色较低的金，这些黄金由于其他金属含量不同，成色高的达99%，低的只有30%。

按含其他金属的不同划分，熟金又可分为清色金、混色金、K金等。①清色金指黄金中只掺有白银成分，不论成色高低统称清色金。清色金较多，常见于金条、金锭、金块及各种器皿和金饰品。②混色金是指黄金内除含有白银外，还含有铜、锌、铅、铁等其他金属。根据所含金属种类和数量不同，可分为小混金、大混金、青铜大混金、含铅大混金等。③K金是指银、铜按一定的比例，按照足金为24K的公式配制成的黄金。一般来说，K金含银比例越多，色泽越青；含铜比例大，则色泽呈紫红。

⊙ 用“K金”表示黄金的纯度

在理论上，我们把含量100%的金称为24K，所以计算方法为100/24。

9K =9×4.166%=37.494%（375‰）

24K =24×4.166%=99.984%（999‰）

在理论上100%的金才能称为24K金，但在现实中不可能有100%的黄金，所以我国规定：含量达到99.6%以上（含99.6%）的黄金才能称为24K金。国家规定低于9K的首饰不能称之为黄金首饰。

⊙ 用文字表达黄金的纯度

有的金首饰上打有文字标记，其规定为：含金量不小于990‰，其纯度命名为足金。无论原来的“千足金”“万足金”“万足纯金”“金AU9999”等名字一律只能称为“足金”。

我国对黄金制品印记和标识牌有规定，一般要求有生产企业代号、材料名称、含量印记等，无印记为不合格产品，国际上也是如此，但对于一些特别细小的制品也允许不打标记。

黄金的鉴别

黄金首饰的鉴定方法很多，中国民间总结了一套简便方法，其口诀是：看色泽、掂重量、听音韵、试硬度、石上磨、对比牌、用酸点、定成色。前四句靠目力，凭感觉；后四句则需借助工具和试剂。

看色泽。根据黄金的不同光泽和颜色即可大体区分纯金、K金、真金、假金。金以赤黄色为佳，成色在95%以上；正黄色成色在80%左右；青黄色成色在70%左右；黄色略带灰色成色在50%左右。故有口诀为“七青、八黄、九五赤、黄白带灰对半金”。若对久藏初出的首饰来说，则有“铜变绿，银变黑，金子永远不变色”的说法。

掂重量。黄金的比重为19.32，重于银、铜、铅、锌、铝等金属。黄金饰品托在手中应有沉坠之感，假金饰品则感觉轻飘。此法不适用于镶嵌宝石的黄金饰品。

听音韵。成色在99%以上的真金往硬地上抛掷，发出的声音低闷、厚实、沉重，有声无韵也无弹力。假的或成色低的黄金声音脆而无沉闷感，一般发出“当当”响声，而且声有余音，落地后跳动剧烈。

试硬度。纯金柔软、硬度低，用大头针或指甲刻划均可留下痕迹，牙咬能留下牙印，成色高的黄金饰品比成色低的柔软，含铜越多越硬，折弯法也能试验硬度，纯度越低，越不易折弯。

用试金石鉴定成色。利用金对牌（已确定成色的金牌）和被试首饰在试金石上划痕，通过对比颜色，确定黄金首饰成色。此法应在自然光和日光灯下进行，不能在直射的太阳光线和白炽灯下进行。

用酸点。在试金石上分别磨出被鉴定首饰和对牌的金道，用玻璃棒点试硝酸在金道上，因金元素化学性质稳定，不与酸反应，故颜色不变。若非金或非纯金，金道则消失或起变化。变化规律是“三快、三慢”，即成色低的消失快，成色高的消失慢；混金消失快，清金消失慢；大混金消失快，小混金消失慢。

看标记。国产黄金饰品都是按国际标准提纯配制成的，并打上戮记，如“24K”标明“足赤”或“足金”；18K金，标明“18K”字样，成色低于10K者，按规定就不能打K金印号了。

黄金饰品的保养

要避免首饰直接与香水、发胶等高挥发性物质接触，否则容易导致金饰褪色。

在做家务、洗澡或者游泳时要脱下金饰，以免水中或清洁产品中含有对金饰不好的成分，影响金饰的美观或改变其表层结构。

黄金比较软，容易变形，所以不要拉扯项链等饰品，也不要与其他首饰摆放在一起，特别是钻石，因硬度不同会引起互相摩擦而刮花，故应用绒布包好再放进首饰盒内独立存放。

佩戴后的金饰常常因污渍及灰尘的沾染而失去光泽，因此要注意经常保养。

银

在古代，人类就对银有了认识。银和黄金一样，是一种应用历史悠久的贵金属，至今已有4000多年的历史。由于银独有的优良特性，人们曾赋予它货币和装饰双重价值。

银纯度的表示方法

目前，现有的科学能够提炼的最高纯度为99.999%以上，纯银一般是作为国家金库的储备物，所以纯银的成色一般不应低于 99.6%。纯银又称纹银。而低于这个级别的，含量大于等于 99% 的白银，称为足银。

色银又称普通首饰银或次银。在纯银或足银中加入少量的其他金属，一般是加入物理化学性质与银相近的铜元素，就可以形成质地比较坚硬的色银。色银富有韧性，并保持了纯银的延展性，同时可以减低空气对银的氧化作用，因此，色银首饰的表面色泽较纯银与足银更不易改变。

999 **千足银**。英文标识为 S999，指银的含量为 99.9%。这类银饰是所有银饰中纯度最高的，因而也最为柔软，不适合用来制作仿白金或 K 金镶嵌类的饰品。

990 **足银**。英文标识为 S990，指含量 99% 的纯银和 1% 的合金。但由于硬度不够，很少用它来做饰品，但 990 足银在工业上运用比较广泛。

92.5 **银**。英文标识为 925S，表示含银量为 92.5%、含紫铜 7.5% 的首饰银。这种色银既有一定的硬度，又有一定的韧性，比较适宜制作戒指、别针、发夹、项链等首饰，而且便于镶嵌宝石。目前，以 925 银作为鉴定是否为纯银的标准，925 纯银也被定为“925 国际标准银”。

80 **银**。又称色银或次银，英文标识为 800S，表示含银量 80%、含紫铜 20% 的首饰银。这种色银硬度大，弹性好，适宜制作手铃、领夹、帽花、餐具、茶具、烟具或首饰上的扣、弹簧或针等类。

泰银。泰银最早源自泰国，所以通常叫泰国银，又称“乌银”。泰银是利用银碰到硫而发黑的特性制成的。它是在银首饰上把银与硫的混合物加热融化，并以玻璃质状态形成覆盖层。再经过特殊的防旧处理，乌银首饰不仅长期不变色，而且表面硬度也比普通银大大增强。别具一格的质感和色泽，让人感受到这类首饰的粗犷和古朴。

藏银。按照历史定义是含银在 30% 以上的一种合金，但是现在市场上的藏银，几乎不含银，只是白铜合金的工艺品。

银饰的鉴别

查标记。银首饰一般应打上银的英文缩写（“S”或“Sterling”）的印记。标准银的印记“S925”，足银的印记是“S990”。中国色银的成色规定以百分数表示，国外一般规定以千分数表示，如中国的“80 银”与外国的“800S”都表示银的成色为 80%。

看色泽。银首饰多呈微带黄的银白色，呈柔和的金属光泽。因易氧化，时间久了，色泽会变成暗的黄白色。

用酸试。银遇任何酸都会变色，甚至溶解。如果在银首饰的内侧滴上一滴浓盐酸，会立即生成白色苔藓状的氯化银沉淀，而其他贵金属则无此现象。

掂重量。银的密度为 11.7g/cm³，比铂金、黄金小，用手掂无坠手感。钢针可以划出痕迹，也可以折弯。用这种方法可以将铂金、K 白金或仿银的银首饰相区别。

银饰的保养

最好的银饰保养方法是天天佩戴，因为人体的油脂会使银发出温润自然的光泽（当然也有人例外，有人的汗液中本身含有使银变黑的成分）。另外，如果空气中含有硫也是不宜佩戴白银的。

保持银饰的干燥，别戴着游泳，切勿接近温泉和海水。平时不佩戴时要收好，最好用密闭口袋单独装好，防止银饰表面与空气接触而氧化变黑。

在佩戴银饰时不要同时佩戴其他贵金属首饰，以免碰撞变形或擦伤。

臭氧也能导致白银变黑，如日常生活中用的负离子发生器、消毒柜都不宜放置白银饰品。

白银能溶于硝酸、盐酸，如果从事这方面工作时就不宜佩戴白银饰品。

如果饰品不小心还是变了样，可以试试日常生活中的一些小窍门：采用醋酸擦洗；采用牙膏和牙刷来擦洗；用打火机烧黑银饰品等。

铂金

铂金，是世界上最稀有的首饰用金属之一。世界上仅南非和俄罗斯等少数地方出产铂金，每年产量仅为黄金的5%。成吨的矿石，经过150多道工序，耗时数月，所提炼出来的铂金仅能制成一枚数克重的简单戒指，众多著名设计师称铂金为“贵金属之王”。

铂金的种类和铂金饰品标记的含义

根据含铂量不同，铂金一般可分为纯铂金和铱铂金两种。

⊙ 纯铂金

纯铂金是指含铂量或成色最高的铂金。其白色光泽自然天成，不会褪色，可与任何类型的皮肤相配。其强度是黄金的两倍，韧性更胜于一般的贵金属。

⊙ 铱铂金

铱铂金是指由铱与铂组成的合金。其颜色亦呈银白色；具有强金属光泽，硬度较高，相对密度较大，化学性质稳定。它是最好的铂合金首饰材料。

通常，铂金首饰的含铂量用铂金的千分含量来表明。同时，含铂量也是铂金首饰定价的根据之一。常见的含铂量标记有以下几种。

千足铂。铂金含量千分数不小于999，打“Pt999”标记，表示饰品中铂金的百分含量为99.9%。

足铂金。铂金含量千分数不小于990，打“足铂”或“Pt990”标记，表示饰品中铂金的百分含量为99%。

950铂金。铂金含量千分数不小于950，打“铂950”或“Pt950”标记，表示饰品中铂金的百分含量为95%。

900铂金。铂金含量千分数不小于900，打“铂900”或“Pt900”标记，表示饰品中铂金的百分含量为90%。

纯铂金硬度较小，为增加硬度，须加入一定比例的钯、铑、铱等贵重金属。Pt950含钯、铑、铱5%，硬度仍然相对较低，一般用于素铂金首饰。Pt900含钯、铑、铱10%，硬度对镶嵌饰品来说恰到好处。目前大多数铂金戒指都是用Pt900制作的；但也有少数厂商用Pt950制作铂金戒指。

铂金的鉴别

铂金和黄金相似，除了颜色不同外，化学性质都非常稳定，所以可以用折弯的方法来识别。纯净的铂金容易折弯和掰直还原；成色较低的，性硬且脆，弯折费力。

此外，根据铂金特有的催化作用，还可以用双氧水反应法来识别。具体方法是：取少许待测物粉末，置于盛双氧水（H_2O_2）的塑料瓶中，若是铂金则双氧水立即白浪翻滚起泡，分解出大量氧气，反应后的铂金仍原封不动，还可回收（它只起加速分解作用）；若是假铂金或其他白色金属，如铅、银、铝等，则无此反应。

铂金及其饰品的保养

将铂金饰品单独存放在珠宝盒或麂皮中，以防对其他珠宝饰品产生划痕。

定期对铂金饰品进行清洁。使用市场上出售的珠宝清洁剂，或将它浸在肥皂和温水的溶液中，然后用软布轻柔拂拭。

如果出现了肉眼可见的划痕，可以将铂金饰品带到合格珠宝商那里进行打磨。所有贵重金属都可能留下划痕，铂金也不例外。但是，铂金上的划痕只会移动材质，它的体积不会减少。

随着时间的流逝，铂金表面会出现天然的氧化层，而许多人可能更喜欢刚刚打磨过的表面。如果出现这种情况，将铂金饰品带往合格的珠宝商那里重新打磨，以产生极其光亮的效果。

在进行家务打扫、园艺以及其他类型的重活或体力活动时，不要佩戴铂金饰品。佩戴铂金饰品时，不要接触漂白或刺激性化学品。尽管它们不会对铂金产生伤害，但是化学品可能会让钻石或宝石变色。

宝石的鉴别与保养

珠宝玉石简称宝石，是岩石中美丽而贵重的一类。它们颜色鲜艳，质地晶莹，光泽灿烂，坚硬耐久，同时库存稀少，是可以制作首饰等用途的天然矿物晶体。

根据宝石的珍稀程度，可以将宝石分为三类。

高档宝石。包括钻石、红宝石、蓝宝石、祖母绿、金绿猫眼、黄玉、高档珍珠。其中钻石、蓝宝石、红宝石、祖母绿被西方国家称为名贵宝石，钻石是珠宝之王。

中档宝石。包括海蓝宝石、碧玺、锆石、尖晶石等，较为常见，品级一般。珍珠、翡翠、欧泊也被列为中档宝石。

低档宝石。包括松石、紫晶、橄榄石、黄晶、青金等品种。

了解了宝石的分类以后，接下来介绍一下生活中常见的宝石，如钻石、红宝石、蓝宝石、玉石、玛瑙等。

钻石

钻石是指经过琢磨的金刚石，金刚石是一种天然矿物，是钻石的原石。简单地讲，钻石是在地球深部高压、高温条件下形成的一种由碳元素组成的单质晶体。钻石的文化源远流长，今天人们更多地把它看成是爱情和忠贞的象征。

⊙ 钻石的评价及选购

颜色。无色为最好，色调越深，质量越差。在无色钻石分级里，顶级颜色是D色，依次往下排列到Z，在这里只说从D~J的颜色级别，D~F是无色级别，G~J是近无色级别，从K往下基本没有收藏和佩戴意义了。不同国家和地区分别采用不同的颜色分级体系，美国宝石学院的分为23个级别，分别用英文字母D~Z来表示。其中D~N这11个级别是最常用的。我国国家标准将颜色划分为12个级别，并用D~N和<N来表示，还将百分数法和文字描述并用（表12-1）。

表12-1 我国钻石颜色等级

级别	D	E	F	G	H	I	J	K	L	M	N	<N
百分数	100	99	98	97	96	95	94	93	92	91	90	<90
描述	极白	极白	优白	优白	白	微黄白（褐、灰）	微黄白（褐、灰）	浅黄白（褐、灰）	浅黄白（褐、灰）	浅黄（褐、灰）	浅黄（褐、灰）	黄（褐、灰）

净度。净度是依据内含物位置、大小和数量的不同来划分。由高到低详细可分为FL、IF、VVS1、VVS2、VS1、VS2、SI1、SI2、SI3、I1、I2、I3。在十倍显微镜下仔细观察钻石洁净程度，瑕疵越多，所在位置越明显，则质量越差，价格也相应要降低。

FL——“Flawless”，完美无瑕。在十倍放大镜下内外俱无瑕疵。

IF——“Internally flawless”，内部无瑕。在十倍放大镜下只有表面有轻微花痕。

VVS1、VVS2——“Very Very Slight”，非常非常小。在十倍放大镜下有很难看见的瑕疵。VVS1净度高于VVS2。

VS1、VS2——“Very Slight”，非常小。在十倍放大镜下可见瑕疵，但肉眼难以辨认。VS1净度高于VS2。

SI1、SI2、SI3——“Slight Inclusions”，小瑕疵，肉眼可能看见。

I1、I2、I3——“Imperfect”，有瑕疵，可以被肉眼看见。

克拉重量。在其他三品质相同情况下，钻石价格与重量平方成正比，重量越大，价值越高。钻石重量是以克拉为单位的，1 克拉（ct）=0.2 克（g）。把 1 克拉平均分成 100 份，每 1 份是 1 分，商场价签上标的 0.3ct、0.4ct 就是所说 30 分、40 分。重量也有级别之分，0.30~0.39ct，0.40~0.49ct，0.50~0.69ct，0.70~0.89ct，0.90~0.99ct，1.00~1.50ct，1.50~2.00ct。每一级别分别由逗号隔开，不是一个级别的，就算差一分，价格也会相差很多。

切工。一颗钻石原石，即使扔到马路也不会有人注意，是切工赋予它第二生命，让它有着绚丽色彩。切工是指成品裸钻各种瓣面的几何形状及排列方式，切工分为切割比例、抛光和修饰度三项。每一项都有五个级别，由高到低依次是 EXCELLENT、VERY GOOD、GOOD、FAIR、POOR。几种常见切割形式：圆形、祖母绿型、椭圆形、梨形、公主方型、枕形、心形、八心八箭，一般所见都是标准圆钻型切工。

在购买钻石的时候，我们要看它的亮度，其实钻石的璀璨来自切工。把几颗钻石放在一起，最亮的那一颗就是切工最好的。另外，关于钻石的瑕疵，其实这是用肉眼无法识别的，在购买的时候一定要看准了钻石鉴定证书上面的鉴定结果，再进行选购。

⊙ 钻石首饰的保养

在佩带过程中，尽量减少一些激烈的活动，钻石虽然是世界上最坚硬的物质，但它同样易碎，当遇到外力的猛烈撞击时，钻石可能会出现破损的情况，特别是“爪镶”的钻石首饰，钻石的腰棱部位是最为脆弱的。在受到外力撞击下会出现破损，从而严重影响钻石的美观程度以及它的价值。

到泳池游泳，最好先取下钻饰，以防池水中的氯腐蚀钻石的金属部分。做家务时，小心别让钻饰接触油污，以防弄脏钻石使其失去光泽；要在化好妆、喷好香水之后再佩戴钻饰。因为钻石具有吸油性，油脂或粉尘都会粘在钻石表面使之暗淡无光。

钻石要单独存放。不可与其他饰品放在一起，避免摩擦或氧化作用损害钻石。

钻石首饰还应该做定期清洁。由于钻石极易吸引油脂，容易弄脏，故必须定期清洁，以维持钻石原有的光芒。自行清洗时，可先滴少许清洁剂在容器内，再加入热水，然后把钻饰放入容器；再用一软毛牙刷洗刷钻石的冠及底部（切记不可以擦伤镶的底部）；最后用清水冲洗清洁剂即可。清洗后的钻饰，应放在不含棉绒的毛巾上风干。若钻石表面有油脂，清水无法洗掉，建议将钻石饰品送至专业的珠宝店进行清洗，切忌使用漂白水清洗钻饰。

红宝石和蓝宝石

红宝石和蓝宝石互为姐妹宝石，都属于刚玉矿物，是地球上硬度仅次于钻石的天然矿物，它们都具有相同的晶体结构，基本化学成分都为氧化铝。除星光效应外，只有半透明或透明且色彩鲜艳的刚玉才能称为宝石。

因杂质成分不同，呈现不同的颜色，红色并含铬（Cr）元素的刚玉呈红色调，故被称为红宝石；蓝色的蓝宝石则是因为含有微量的钛（Ti）和铁（Fe）元素。事实上，除了红色的刚玉宝石，其他所有色调的刚玉在商业上被统称蓝宝石。所以，蓝宝石并不是仅指蓝色的刚玉宝石，它除了拥有完整的蓝色系列以外，还有着如同烟花落日般的黄色、粉红色、橙橘色及紫色等，甚至在同一颗石中有多种颜色，这些彩色系的蓝宝石被统称为彩色蓝宝石。

红宝石质地坚硬，硬度仅在金刚石之下。其颜色鲜红、美艳，可以称得上是“红色宝石之冠”。瑰丽、华贵的红宝石是宝石之王，是宝中之宝，其优点超过所有的宝石。血红色的红宝石最受人们珍爱，俗称“鸽血红”。国际宝石市场上把鲜红色的红宝石称为“男性红宝石”，把淡红色的称为“女性红宝石”。人们钟爱红宝石，把它看成爱情、热情和品德高尚的代表，光辉的象征。国际宝石界把红宝石定为“七月生辰石”，是高尚、爱情、仁爱的象征。

天然蓝宝石可以分为蓝色蓝宝石和艳色（非蓝色）蓝宝石。国际宝石市场上把深蓝色和带有紫色的蓝宝石称为“男性蓝宝石”，浅色蓝宝石称为“女性蓝宝石”。国际宝石界把蓝宝石定为“九月生辰石”，象征忠诚与坚贞。

⊙ 红、蓝宝石的分级标准

红、蓝宝石的分级标准主要是依据 1T 和 4C：即透明度（Transparency）、颜色（Colour）、净度（Clarity）、切工（Cut）以及克拉重量（Carat）来衡量。

透明度。指宝石允许可见光透过的程度。在宝石的肉眼鉴定中，一般将透明度分为：透明、亚透明、半透明、亚半透明、不透明五个级别，透明度越高，宝石的价值也就越高。

颜色。指宝石在自然光下所呈现的色彩。颜色是评价红蓝宝石品质的最关键的因素。要求颜色鲜艳、纯正、均匀。红宝石颜色以鸽红色或纯红色为最佳，其次为红色、粉红色、紫红色。颜色最好的红宝石产于缅甸，尤其是抹谷。蓝宝石以矢车菊蓝色（略带紫色的蓝色）或纯蓝色为最佳，蓝宝石中经常带黄色或绿色副色调，影响了蓝色的纯度，降低了蓝宝石的质量。最优质的蓝宝石产于克什米尔，其特征颜色是矢车菊蓝色，并具有天鹅绒般的质感。

净度。指宝石中内含物的多少。红、蓝宝石里面通常会含有一定数量的内含物，内含物的大小、数量、鲜明程度、位置对红、蓝宝石价值有着重要影响。在肉眼观察下，将红、蓝宝石的级别分成五级，净度越高越好。

切工。包括切磨的定向、类型、比例、对称、抛光程度等。其最常见的琢型是椭圆刻面型、圆多面型及阶梯型。肉眼观察没有明显的对称性缺陷和抛光痕即为上等修饰度。其切工的好坏也会影响到颜色和亮度。

克拉重量。指宝石的重量。红、蓝宝石在同等品质的条件下，重量越大价格越高，尤其是 1ct 以上的优质红、蓝宝石的价格更是以几何级数递增。优质的红宝石很少有大颗粒的，1~2ct 就视为珍品了。但大颗粒的优质蓝宝石则相对较多，10ct 的优质蓝宝石也不是很罕见。

⊙ 红、蓝宝石的保养

在运动或做粗重工作时，不要佩戴红、蓝宝石首饰，以免碰撞造成不可补救的损失。

不要把红、蓝宝石首饰与其他首饰随意放置在同一个抽屉或首饰盒内。因为各种宝石的金属硬度不同，会因为互相摩擦而导致磨损。

佩戴红、蓝宝石首饰时，应注意每月检查一次，如果有镶嵌松脱的现象，应及时修理。

与其他的宝石一样，红、蓝宝石沾上人体分泌的油脂和汗水，便会失去光亮。因此，如果经常佩戴，宜每月清洗一次。

这里特别要提到无边镶和微镶首饰，在日常佩戴中要小心，尽量避免大的碰撞，如发现无边镶首饰有掉石现象，不能继续佩戴，要尽快修理，防止出现大面积宝石脱落。

玉石

玉是矿石中比较高贵的一种。中国古人认为玉是光荣和幸福的化身，刚毅和仁慈的象征。一些外国学者也把玉作为中国的“国石”。中国是世界上开采和使用玉最早、最广泛的国家。古书上记载很多，名称也很杂，如水玉、遗玉、佩玉、香玉、软玉等。

玉石的化学成分主要是含钠、钙、镁、铝以及一些其他微量元素的含水硅酸盐。玉石主要形成于火成岩的结晶作用，岩石经高温熔融变质重新结晶而成，以及由上述两种作用而形成的玉石，再经流水冲刷、搬运与沉积后，和砂砾混合而形成玉石的砂矿、沉积矿。

玉有软、硬两种，平常说的玉多指软玉，硬玉另有一个流行的名字——翡翠。

⊙ 软玉

软玉是指闪石类中某些（如透闪石、阳起石等系列矿物）具有宝石价值的硅酸盐矿物质。细小的闪石矿物晶体呈纤维状交织在一起构成致密状集合体，质地细腻，韧性好。软玉有很多种，颜色也有很多，但都具有油脂光泽。中国新疆和田是软玉的重要产地，那里的软玉被人们称为“和田玉”，是我国出产的众多玉石品种中最好的一种。

软玉常见颜色有白、灰白、绿、暗绿、黄、黑等色，多数不透明，个别半透明，有玻璃光泽，软玉的品种主要是按颜色来划分，有白玉、羊脂玉、青白玉、碧玉、墨玉、黄玉以及较为稀少的“糖玉”等。

⊙ 硬玉

地质学称翡翠为以硬玉矿物为主的辉石类矿物组成的纤维状集合体，并主要是以铬（Cr）为致色元素的硬玉岩。达到宝石级翡翠单从组分上讲，非常接近硬玉理论值。硬玉是一种非常珍贵、价值非常高的玉石，被称为“玉石之冠”。由于深受东方一些国家和地区人们的喜爱，因而被国际珠宝界称为“东方之宝”。

翡翠的颜色因含有铬元素质量分数不同而显白或绿色，以翠绿色为贵。因而在硬玉传入中国后，被冠以“翡翠”之名。翡翠的流行历史没有软玉长，其出产地也主要集中在缅甸。目前市场上商业品级的翡翠玉石95%以上来自缅甸，因而翡翠又称为缅甸玉。除了缅甸出产翡翠外，世界上出产翡翠的国家还有危地马拉、日本、美国、哈萨克斯坦、墨西哥和哥伦比亚。这些国家翡翠的特点是达到宝石级的很少，大多为雕刻级的工艺原料。

由于翡翠极为稀有名贵，品评其真假优劣便成为一门应用性很强的学问。通常辨别翡翠时从以下几方面来看。

看颜色。颜色是评价翡翠的第一因素，好的颜色要达到的标准是：正、浓、阳、均。“正”是指没有其他杂色混在一起；“浓”是指颜色比较深；“阳”是指色泽鲜明，给人以开朗、无郁结之感；“均”是指颜色分布均匀。

看质地。多晶体结构越细密，硬玉的质地就越好。

看透明度。透明度是与质地相辅相成的物理现象，质地越幼细，透明度就越高。

看后天加工。硬玉被开采出来时只是和矿石一样，必须经过经验丰富的专业工匠将石中的有色部分小心地割出不同的饰物形状，然后加工打磨和雕琢，经抛光上蜡，才能到市场上出售。加工中完全未经任何漂白褪色或染色处理的为“A”级，价值最高；被漂白褪色的为“B”级，价值则次之；被染色的“C”级价值较低。优良的后天加工，可使硬玉锦上添花，价值倍增。

⊙玉石的保养

避免与硬物碰撞。虽然玉石的硬度高，但是碰撞后很容易产生裂纹。

不用时要放好，特别是挂件之类的物品，最好是放进首饰袋或者首饰盒里，以免擦花或者碰损。

尽可能避免灰尘。如果玉器有灰尘的话，用软毛刷清洁，有油污在玉石表面，应该用温淡的肥皂水刷洗，再用清水冲干净。

避免与化学用品接触。

避免运动时佩戴。运动时产生的汗液中带有大量的盐分、挥发性脂肪酸和尿素等，玉器接触太多汗水，佩戴后不立刻擦洗干净，就会受到侵蚀，使其外层受损，影响其鲜艳度。

避免阳光长期暴晒。因为玉遇热会膨胀，会影响玉质。

佩挂件要用清洁、柔软的白布抹拭，不宜使用染色布、纤维质硬的布料。

玉器要保持适宜的湿度，玉质要靠一定的湿度来维持。

一些特别的玉石需要用到油养，但必须用无色无味、清澈如水的优质婴儿润肤油。油养时注意观察，必要时可延长油养时间。

玛瑙

玛瑙是常见的硅氧矿物，很多性质都与石英相同。玛瑙是玉髓类矿物的一种，主要产于火山岩裂隙及空洞中，也产于沉积岩层中，是二氧化硅的胶体凝聚物，化学成分以二氧化硅（SiO_2）为主，可含有 Fe、Al、Ti、Mn、V 等元素，呈现出各种颜色。

水晶和玛瑙的化学成分都是二氧化硅，但二者还是有一些区别，水晶是单晶体，一块水晶通常是一个水晶晶体，而玛瑙则是多晶集合体，在电子显微镜下看到玛瑙则是由无数微小的二氧化硅的晶体组成，所以通常玛瑙是半透明的，而水晶则是透明的。两者在很多情况下还会共生，就会形成水晶店销售的水晶洞。

玛瑙的色彩相当有层次，有半透明或不透明的。玛瑙具有坚硬、致密细腻、光洁度高、颜色美观而且色彩丰富等特点，常用于饰物或玩赏，古代陪葬物中常可见到成串的玛瑙球。

玛瑙在地球上存在的量很多，我国玛瑙产地分布也很广泛，几乎各省都有，主要产地有云南、黑龙江、辽宁等。在世界上整个欧洲、北美以及东南亚也盛产，世界最著名的产地有印度、巴西等。

玛瑙种类繁多，素有“千样玛瑙万种玉”之说，所以鉴别方法也很多，通常以纹带、颜色、透明度、裂纹、杂质、砂心和块重为分级标准，除水胆玛瑙最为珍贵外，一般以搭配和谐的俏色原料为佳品。玛瑙是常用于镶嵌首饰和雕刻工艺品的一种宝石，市面上有很多的玛瑙仿制品，我们在购买时应辨清真假，鉴选方法有以下几点。

颜色。真玛瑙色泽鲜明光亮，假玛瑙的色和光均差一些，二者对比较为明显。天然红玛瑙颜色分明，条带十分明显，仔细观察，在红色条带处可见密集排列的细小红色斑点；用石料仿制的假玛瑙多数在底部呈花瓣形花纹；而染色蓝玛瑙颜色艳丽、均一，给人一种假的感觉。

质地。假玛瑙多为石料仿制，较真玛瑙质地软，用玉在假玛瑙上可划出痕迹，而真品则划不出。从表面上看，真玛瑙少有瑕疵，劣质则较多。

工艺质量。优质玛瑙的生产工艺严格且先进，故表面光亮度好，镶嵌牢固、周正，无划痕、裂纹。

级别。水胆玛瑙是玛瑙中最为珍贵的品种，特征是玛瑙中有封闭的空洞，其中含有水。各种级别的玛瑙，都以红、蓝、紫、粉红为最好，颜色要透亮，且应该无杂质、无沙心、无裂纹。

玛瑙的保养参照玉石的保养。

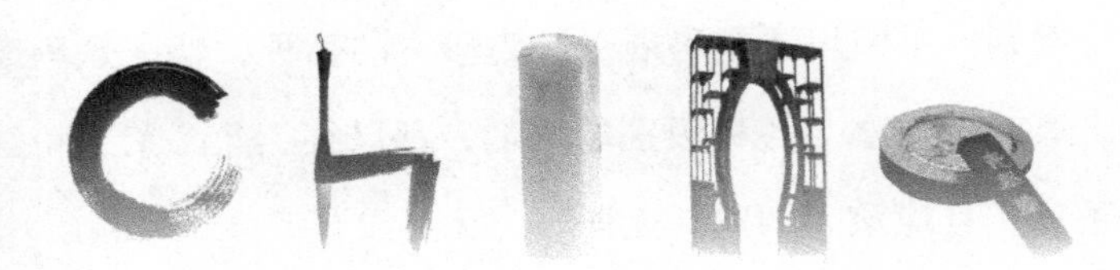

学习娱乐必备品——文娱用品

在各种各样的文化、体育、娱乐活动中，人们会使用到各种各样的物品，如名目繁多的文化用品、喜庆节日的烟花爆竹、神奇迷离的舞台烟雾、变化莫测的化学魔术和引人入胜的化学工艺品。这些服务于我们日常纸、笔和墨是由什么材料制成的呢？化学成分的变化如何使其成为不同的品类呢？烟花爆竹的缤纷绚丽是由哪些化学元素赋予的呢？在本章中我们将揭开文体娱乐中的化学秘密。

文体与化学

纸

造纸术是我国古代四大发明之一，公元105年我国东汉蔡伦用树皮、蔴头制成了纸。纸是传播文化、记载历史的重要工具，纸的发明结束了古代简牍繁复的历史，大大加快和促进了文化的传播与发展。

⊙ 纸的分类

纸是用纤维（有植物纤维、合成纤维、矿物纤维、玻璃纤维等）和辅助材料（胶料、填料、化学助剂、染料、明矾等）加工而成。按原料不同可将纸分为木浆纸、棉浆纸、竹浆纸、草浆纸和混配浆纸；按色泽可分为本色纸、白色纸和彩色纸；按包装可分为平板纸和卷筒纸；按生产方式可分为手工纸和机制纸；按纸张的厚度和重量可分为纸和纸板；按用途可分为印刷纸、书写纸、包装纸、技术用纸、生活用纸等。

⊙ 造纸工艺

造纸工业的原料主要为植物纤维，一般经过化学制浆（除去木质素）、打浆并加入胶、染料、填料（如松香胶、白陶土、石蜡胶、硫酸铝、滑石粉、硫酸钡）、抄纸、烘干等工艺制成。不同的纸，其原料和制造工艺也不同。细纸（即优质纸）通常用烧碱制浆，木质素和色素去除较干净，经漂白后加入质地好的白色填料。粗纸（如牛皮纸等）用较粗长的木纤维制成，通常用亚硫酸处理，木质素和色素不能去净，故含杂质较多。

⊙ 功能纸

纸的实用功能以书写和印刷为主，要求纤维细腻、均匀，填料精致、平整。常用的功能纸如下。

复写纸。又名印蓝纸、碳素纸，将一种易于脱离的油溶性涂料在韧薄的纸上晾干而成，可供书写或打印一式多份的文件、报表及写单据、开发票等。

静电记录纸。以高分子电解质作导电处理剂，将其涂布于基纸的表面，再涂布高电阻记录层而得。

绘图纸。即玻璃纸，由植物纤维制成木浆，与普通纸不同的是在成浆后用碱浸渍，经二硫化碳磺化处理，类似于人造棉的制作，使成薄膜喷出再凝固、水洗、漂白、烘干。

照相纸。又称感光纸，采用涂布溴化银于上等纸面，按与胶卷相同的程序感光、显影和定影。

防水纸。俗称蜡光纸、油纸，在普通植物纤维纸上将填料如瓷土、钛白粉、二氧化硅涂布均匀，书写后覆盖石蜡或干性油，用于防止重要文件的水浸。

防火纸。采用防火剂（如溴化物）将普通书写纸经防火处理，阻止纸张遇热时纤维和氧气接触，即使装文件的铁壳箱处在高温时也不致立即焚毁，适于重要文件的印刷。

合成纸。将聚丙烯腈、聚酰胺、聚苯乙烯等进行薄膜加工或将它们渗入木浆，按普通纸成型，再填充合适的物料而制得，这类纸耐热、耐腐蚀、抗水性能好。

⊙ 纸的再生利用

随着经济社会的快速发展，我国已成为仅次于美国的世界上第二大纸制品消费国。然而我国的森林资源十分匮乏，每年需要从国外进口大量的纸浆和纸制品。为了保护森林资源，实现可持续发展，近些年一直在大力推广使用再生纸。

再生纸是以废纸为主要原料，经过多种复杂的工序进行制浆，再依据特殊工艺生产出来的纸张，其原料中的废纸纸浆比例为60%~100%。再生纸推广使用具有重要的意义：一是节约木材。二是节能环保。利用回收的废纸生产再生纸，能够节约大量的资源。据测算，1t废纸可生产再生纸0.8t，可节水100t、节煤1.2t、节电600度、节省化工原料300kg，由此可减少了75%的空气污染、35%的水污染，也减少了大量的固体废弃物。可节省木材3m^3，相当于少砍10棵20年生马尾松。

墨、墨水和油墨

字之所以能印或写到纸上是由于含有墨或染料的液体可渗进纸张的毛细管。墨汁吸附在纤维的表面，并且起化学反应，如碳进入碳链、染料与纤维素的羟基以及醛羰基结合，墨水中的金属配合物如鞣酸亚铁形成羟基配合物等。

⊙ 墨

墨的主要原料是炭黑、松烟、胶等，是碳元素以非晶态存在。旧时常将炭黑与胶混合制成固体墨，然后加水在砚台上磨成汁，再用于书画。如著名的徽墨，属于文房四宝中的一宝。现在大多制成墨汁或碳素墨水。这是用烟灰或炭黑悬浮在溶有胶性物质的水中制成的。由于碳的化学性质稳定，故字画可长久保存。

⊙ 墨水

凡是用来表现文字或符号的一切液体统称为墨水。墨水是一种含有色素或染料的液体，墨水被用于书写或绘画。为了满足书写或印刷到其他非纸基质的要求，人们逐渐发明或制造了适合各种用途的墨水。

墨水按制备的原料来划分，可分为色素墨水、染料墨水和颜料墨水。常用的书写墨水颜色有蓝黑、纯蓝、碳素、黑色等几种。

蓝黑墨水。即鞣酸铁墨水，凡含有单宁酸、没食子酸、硫酸亚铁的墨水均属此类。蓝黑墨水的主要成分是染料、单宁酸、没食子酸及硫酸亚铁，呈酸性，遇碱全变质。书写后色泽由蓝变黑，字迹悦目、牢固，水浸、日晒不褪色。适宜于灌注高档的钢笔，用于一般文件和文书档案的书写，可长期保存。高级蓝黑墨水的色泽更鲜艳稳定，书写流利，且有洁笔作用。

纯蓝墨水。以酸性染料为主，用硫酸作稳定剂，并加甘油等辅助原料，用软化水配制而成。对酸稳定，遇碱变色。供自来水笔和蘸水笔之用，适用于一般书写。字迹鲜艳悦目，尤为青年和学生所喜爱，但不适于书写档案文件。

碳素墨水。碳素墨水分普通碳素墨水和绘图碳素墨水两种，字迹坚牢、耐水，永不褪色。绘图碳素墨水供针管笔用。制备普通碳素墨水时，选符合要求的炭黑，配以一定比例的甘油和乙二醇以及增稠剂，搅拌均有，经过胶体磨研磨，再配以辅助原料，经强烈搅拌后即为成品。绘图碳素墨水制法同一般碳素墨水，但要延长静置期，使杂物下沉，再用两层滤布过滤，方可供针管笔作画图使用。

黑色墨水。黑色墨水主要成分是高级黑色染料，呈碱性，写在纸上黑白分明，字迹深黑醒目。适宜于金笔和蘸水笔用，作书写记账、登记卡片、写笔记和信件，用来写钢笔字或书写钢笔书法作品，效果最好。

墨水在使用过程中需注意的是，尽可能使用同一牌号、同一颜色的，不能混用，否则，会产生沉淀，不利于书写。每次书写完之后，应及时套上笔帽，否则，笔尖上的墨水会被晾干，再次书写时下水就不流畅。如果要换一种墨水使用，应先将笔洗净晾干再灌注新的墨水。

⊙ 油墨

油墨是印刷用的着色剂，是一种由颜料微粒均匀地分散在连接料中，具有一定黏性的流体物质。主要用于书刊、包装装潢、建筑装饰等各种印刷。

油墨的成分。油墨由颜料、连接料、填料、附加料等组成。颜料在油墨中起着显色作用，对油墨的特性有着直接影响。连接料俗称调墨油，是油墨的主要组成成分，起着分散颜料，给予油墨以适当的黏性、流动性和转印性能，以及印刷后通过成膜使颜料固着于印刷品表面的作用。填料是白色、透明、半透明或不透明的粉状物质，主要起充填作用，可减少颜料用量，又可调节油墨的性质，如稀稠、流动性等。附加料是在油墨制造以及印刷使用过程中，为改善油墨本身的性能而附加的一些材料，如干燥剂、冲淡剂、撤黏剂、增塑剂等。

油墨的种类。随着社会需求增长，油墨品种和产量也相应扩展和增长。根据油墨的流变性能，油墨可分为液体油墨（溶剂）和浆状油墨（胶、铅印）两大范畴。根据印刷版式可分为凸版、平版、凹版和丝网版用油墨。根据承印物的质地可分为纸张、金属、塑料、布料等用的油墨。根据油墨特性可分为磁性油墨、发泡油墨、芳香油墨、食用油墨、耐光性油墨、耐热性油墨等。根据油墨的用途可分为新闻油墨、书籍油墨、包装油墨、建材油墨、商标用油墨等。

环保油墨。按环保的要求，现代油墨要求采用环保型材料配制。目前，环保油墨主要有水性油墨、紫外光固化油墨、水性紫外光固化油墨等。

水性油墨。水性油墨与溶剂型油墨的最大区别在于其使用的溶剂是水而不是有机溶剂，明显减少 VOC 排放量，能防止大气污染，不影响人体健康，不易燃烧，不腐蚀版材，操作简单，价格便宜，印后附着力好，抗水性强，干燥迅速，特别适用于食品、饮料、药品等包装印刷品，是世界公认的环保型印刷材料。

紫外光固化（UV）油墨。UV 油墨是指在紫外线照射下，利用不同波长和能量的紫外光使油墨成膜和干燥的油墨。目前 UV 油墨已成为一种较成熟的油墨技术，利用不同紫外光谱，可产生不同能量，将不同油墨连接料中的单体聚合成聚合物，所以 UV 油墨的色膜具有良好的力学和化学性能。UV 油墨具有不用溶剂，干燥速度快、耗能少，光泽好、色彩鲜艳，耐水、耐溶剂、耐磨性能好等特点，其污染物排放几乎为零。此外还有不易糊版，网点清晰，墨色鲜艳光亮，耐化学性能优异，用量省等优点。

水性 UV 油墨。水性 UV 油墨是目前 UV 油墨领域研究的新方向。普通 UV 油墨中的预聚物黏度一般都很大，需加入活性稀释剂稀释。而目前使用的稀释剂丙烯酸酯类化合物具有不同程度的皮肤刺激性和毒性，因此在研制低黏度预聚物和低毒性活性稀释剂的同时，另一个发展方向是研究水性 UV 油墨，即以水和乙醇等作为稀释剂。目前水性 UV 油墨已研制成功，并在一些印刷中获得应用。

笔

我国古代文房四宝中“笔”居首位，突出了笔的重要性。在现今社会，各种各样、多姿多彩的笔不断地帮助人们学习知识、表达思想、促进交流、美化环境。从古代的毛笔到现代的钢笔、铅笔、圆珠笔，以及广为普及的中性笔，无不体现着科技的进步。

⊙ 毛笔

毛笔是中国特有的书写与绘画工具，早在 3000 多年前的商代就开始使用毛笔写字绘画。毛笔由兽毛捆缚于笔管制成，笔头柔软富有弹性，能够描画出各式各样的点画形态。汉字点、撇、横、捺的变化，中国山水画中浓淡的表现，都是毛笔的功劳。

毛笔因制作笔头的原料不同而分成很多种，其中最常用的要数羊毫和狼毫两种。羊毫笔真正用山羊毛制作的较少，大多是用兔毛制成的。狼毫则是用鼬鼠（俗称黄鼠狼）尾巴上的毛制作而成的。羊毫质软、弹性较弱、吸墨量大，所书之字圆润含蓄，适合于初学者书写浑厚丰满或潇洒磅礴的字；而狼毫质硬、弹性较强，适用于书写挺拔刚劲或秀丽齐整的中小楷字。

新买的毛笔笔尖上有胶，应用清水浸泡笔尖把笔毛浸开，将胶质洗净后再蘸墨写字。写完字后洗净余墨，把笔毫理得圆拢挺直，套好笔帽放进笔筒。暂不用的毛笔，应置于阴凉通风处，最好在靠近笔毛处放置樟脑丸以防虫蛀。

⊙ 铅笔

铅笔的核心部分是铅笔芯。铅笔芯是由石墨掺合一定比例的黏土制成的。当掺入黏土较多时铅笔芯硬度会增大，笔上标有 Hard 的首写字母 H；反之，则石墨的比例增大，硬度减小，黑色增强，笔上标有 Black 的首写字母 B。儿童学习、写字适用软硬适中的 HB 铅笔，绘图常用 6H 铅笔，而 2B 铅笔常用于画画、填涂答题卡。

⊙ 钢笔

钢笔也叫作自来水笔，是人们普遍使用的书写工具，它发明于 19 世纪初。书写起来圆滑而有弹性，相当流畅。钢笔的主要部件是笔头、外壳和用于储存墨水的硬质橡胶管。

钢笔的笔头是合金钢（各含 5%~10% 的 Cr、Ni），笔头尖端是用机器轧出的便于使用的圆珠体。钢笔的抗腐蚀性能好，但耐磨性能欠佳。钢笔中最上等的是金笔。金笔的笔头是用黄金的合金制成。金笔经久耐磨，书写流利、耐腐蚀性强、书写时弹性特别好，是一种很理想的硬笔。我国生产的金笔有两种，一种是含 Au 58.33%、Ag 20.835%、Cu 20.835%，通常称为14K；另一是含Au 50%、Ag 25%、Cu 25%，俗称五成金，亦称12K。其次是铱金笔。铱金笔的笔头用铱的合金制成，该笔有较好的耐腐蚀性和弹性，且经济耐用，是我国自来水笔中产量最多、销售最广的笔。

⊙ 圆珠笔

圆珠笔是用油墨配成不同的颜料书写的一种笔。笔尖是个小钢珠，把小钢珠嵌入一个小圆柱体型铜制的碗内，后连接装有油墨的塑料管，油墨随钢珠转动由四周流下。

圆珠笔具有不渗漏、不受气候影响，书写时间较长，无需经常灌注墨水等优点，加上价格低廉，是世界流行的书写工具。圆珠笔品种繁多、式样各异，根据书写介质的黏度大小可分为油性圆珠笔、水性圆珠笔和中性圆珠笔。

油性圆珠笔。油性圆珠笔是圆珠笔系列产品的第一代产品，经过长期的改进完善，油性圆珠笔生产工艺成熟，产品性能稳定，保存期长，书写性能稳定，油性圆珠笔所用的油墨黏度高，所以书写手感相对重一些。

水性圆珠笔。水性圆珠笔又称宝珠笔，笔头分为炮弹式和针管形两种，分别采用铜合金、不锈钢或工程塑料制成。球珠则多采用不锈钢、硬质合金或氧化铝等材料制成。储水形式分纤维束储水和无纤维束储水两种。宝珠笔兼有钢笔和油性圆珠笔的特点，书写润滑流畅、线条均匀。

中性圆珠笔。中性圆珠笔简称中性笔，起源于日本，是目前国际上流行的一种新颖的书写工具。中性笔兼具钢笔和油性圆珠笔的优点，书写手感舒适，油墨黏度较低，由于增加了容易润滑的物质，书写介质的黏度介于水性和油性之间，因而比普通油性圆珠笔更加顺滑，是油性圆珠笔的升级换代产品。

⊙ 粉笔

粉笔是日常生活中广为使用的工具，一般用于在黑板上书写。粉笔的主要成分是碳酸钙（石灰石）和硫酸钙（石膏），不容易被分解，颗粒比粉尘大。在制作过程中把生石膏加热到一定温度使其部分脱水变成熟石膏，然后将热石膏加水搅拌成糊状，灌入模型凝固而成。

国内使用的粉笔主要有普通粉笔和无尘粉笔两种，其主要成分均为碳酸钙和硫酸钙，或含少量的氧化钙。无尘粉笔属普通粉笔的改进产品，旨在消灭教室粉笔尘污染。它只是在普通粉笔中加入油脂类或聚醇类物质作黏结剂，再加入比重较大的填料，如黏土、泥灰岩、水泥等，这样可使粉笔尘的比重和体积都增大，不易飞散，并且书写流利、省力，手感较好。

长期使用粉笔会不可避免地从鼻孔吸入一些粉笔灰，从而引起鼻、咽、喉部不适。不过，由于粉笔灰尘的颗粒较大，大多不会吸入下呼吸道，又加上石膏本身性能稳定，对人体无毒，医学界至今尚无因吸入粉笔灰引起肺部疾病的报道。

⊙ 荧光笔

荧光笔是用较粗、较淡的墨水覆盖关键部位来做记号，做上记号后，不遮挡住文字、一目了然。荧光笔有荧光剂，它遇到紫外线时会产生荧光效应，发出白光，从而使颜色看起来有刺眼的荧光感觉。

荧光笔的原理是通过吸收的光能，产生原子的能级跃迁，再释放吸收的额外能量。荧光笔中所加的是一些荧光剂，但有些荧光物质有毒，具有潜在的致癌成分，长期使用对人体有害。一些小作坊为了减轻成本，会使用有毒的荧光剂作为荧光笔的原料。另外，由于荧光笔中含大量荧光剂，长期使用，也会严重影响孩子的视力。

体育用品

⊙ 奥运火炬

自 1936 年第 11 届奥运会以来，历届开幕式都要举行隆重的“火炬接力”。火炬常用的燃料是丁烷和煤油。

2008 年北京奥运会的祥云火炬使用丙烷为燃料，燃烧反应只放出二氧化碳和水，不会对环境造成污染。祥云火炬在燃烧稳定性与外界环境适应性方面达到了新的高度，能在每小时 65km 的强风和每小时 50mm 的大雨情况下保持燃烧。在工艺上采用轻薄高品质铝合金和中空塑件设计，十分轻盈，下半部喷涂高触感塑胶漆，手感舒适，不易滑落。

⊙ 运动鞋材

为了满足不同的运动员对运动鞋材料的不同要求，设计师采用最新的化学材料设计出各种性能的运动鞋，颇受青睐。比如，篮球、排球运动员需要有一定的弹跳性的鞋，就选用弹性好的顺丁橡胶作鞋底；足球运动员要求鞋能适应快攻快停、坚实耐用，就用强度高的聚氨酯橡胶作底材，并安装上聚氨酯防滑钉；田径运动员要求穿柔软并富有弹性的鞋，就设计高弹性的异戊橡胶作鞋底。

⊙ 发令烟雾

在一般的小型田径比赛中，裁判员是根据发令员的发令枪打响后烟雾腾起的瞬间开始计时的。发令枪火药中的药粉含有氧化剂氯酸钾（$KClO_3$）和发烟剂红磷（P）等物质。摩擦产生的高温使氯酸钾迅速分解，产生的氧气马上与红磷发生剧烈的燃烧。燃烧产物是五氧化二磷粉末，在空气中形成白烟。

⊙ 神奇撑杆

撑杆跳高作为一项借用器材的运动，撑杆的弹性和长度发挥着关键作用。当今世界的体育竞争很大程度上是科学技术的竞争，而先进材料则是提高体育科学技术水平的重要条件之一，这在撑杆跳高运动的发展过程中得到凸现。

最早的撑杆是“木杆”。因木杆硬而脆，缺乏弹性，当时最好的男子撑杆跳成绩仅 2.29m。1932 年，日本撑杆跳高名将西田休平利用“竹竿”为撑杆奇迹般地越过 4.30m。1942 年，美国人瓦塔姆利用“合金杆”创造了 4.77m 的新纪录，一举打破了日本人的“竹竿”优势。

20 世纪 50 年代末期出现了用玻璃纤维与有机树脂复合的“玻璃钢”撑杆，以其特有的重量轻、弹性好、强度大等优点，使撑杆跳高记录不断刷新。1960年，美国运动员用玻璃钢杆一举飞过4.98m。直到20世纪80年代，由于多种高性能纤维应用于复合材料撑杆上，撑杆跳高的优势开始转向欧洲。1985年苏联选手布勃卡用新型“碳纤维撑杆”首破6m大关。此后人们又征服了一个又一个惊人的高度。

⊙ 泳衣材料

用于制作泳衣的材料通常有氨纶、锦纶、涤纶。

众所周知，氨纶有一个特点，就是它的弹性特别好，可自由拉长4～7倍，并在外力释放后，迅速回复原有长度。因此，在游泳时，氨纶做的泳衣可以随着身体运动而伸缩自如，即使温度低也不怕，在低温环境下依然可以保持良好的弹性，并具有良好的保持体温的功能。

锦纶制成的泳衣价格一般在中等水平，是大部分中段泳衣常采用的材料。它是由人工纤维和天然纤维混纺而成，获得了良好的柔软度，很坚韧耐穿，但是它的弹性比不上氨纶，易褶皱，面料变湿时容易下垂。

涤纶的吸湿性较差，因此，涤纶制成的泳衣具有不吸水、不变形，坚牢耐用。但其弹性较差，导致肢体在运动时会受到限制，故很少单独用来制作泳衣，一般都是与其他材料混合使用制作泳衣。

娱乐与化学

喜庆用品

宋代诗人王安石《元日》写道：“爆竹声中一岁除，春风送暖入屠苏。千门万户曈曈日，总把新桃换旧符。”生动地描绘了农历新年贴对联、放鞭炮的热闹情景。

⊙ 鞭炮

鞭炮，又名爆竹、炮仗，鞭炮起源至今有1000多年的历史。在没有火药和纸张时，古人便用火烧竹子，使之爆裂发声。

鞭炮的主要成分是硝酸钾、硫黄、木炭，鞭炮点燃发生如下爆炸反应：

$$S + 2KNO_3 + 3C = K_2S + N_2 + 3CO_2 + 707kJ$$

爆炸反应具有反应速度极快、体积急剧膨胀、放出大量热并发出巨响的特点。

⊙ 烟花

烟花又称花炮、礼花、彩色烟火，常用于节日之夜，也可用作照明弹、信号弹。烟花由底部和顶端两部分组成。底部为一大爆竹，装有黑色火药，爆炸时将顶端推向空中。顶端为一圆球，里面装有燃烧剂、助燃剂（主要为铝镁合金、硝酸钾、硝酸钡等，其中硝酸盐分解放出大量氧，使燃烧更旺）、发光剂（铝粉或镁粉，燃烧时放出白炽光）、发色剂（为各种金属盐，是产生色彩的关键成分）、笛音剂（高氯酸钾和苯甲酸的混合物，燃烧时发出美声）。

点燃烟花后，发生化学反应引发爆炸，而爆炸过程中所释放出来的能量，绝大部分转化成光能呈现在我们眼中。由于不同的金属和金属离子在燃烧时会呈现出不同的颜色，所以烟花在空中爆炸时，会绽放出五彩缤纷的火花。如，铝镁合金燃烧时会发出耀眼的白色光，硝酸锶和锂燃烧时会发出红色光，硝酸钠燃烧时会发出黄色光，硝酸钡燃烧时则会发出绿色光。常见金属元素的焰色反应见表13-1。

表13-1 各种金属元素的焰色反应

钠 Na	锂 Li	铷 Rb	铯 Cs	钙 Ca	锶 Sr	铜 Cu	钡 Ba
黄	紫红	紫	蓝	砖红色	洋红	绿	黄绿

⊙ 烟雾

拍戏战场上的烟幕弹、舞台上的神仙境界，均由化学烟雾剂产生。主要生产方法有：硝酸铵法、五氧化二磷法、乙二醇法和干冰法等。

硝酸铵法是通过硝酸铵和锌粉在水的引发下发生化学反应生成氧化锌

固体颗粒形成的烟。

五氧化二磷法是利用五氧化二磷在空气中强烈吸水生成酸性磷酸小液滴从而形成雾。

乙二醇法是将液态乙二醇密封加压，喷到已加热的电热丝后迅速蒸发形成大量蒸气，由于乙二醇吸水性强，故易与空气中水蒸气形成雾状。

干冰法是利用干冰烟雾机将干冰（固体二氧化碳）喷出形成烟雾，干冰有很大的饱和蒸汽压，很易升华，升华时会大量吸热，使其附近空气的温度急剧下降，因此，空气中的水汽就会凝结成雾滴在空中弥漫，犹如仙境的云雾一般。

在消防演习、婚礼、庆典礼仪、舞台影视、空中表演、飞行表演等场合经常可以看到彩色的烟雾，这些彩色烟雾是怎样产生的呢？

主要有以下两种方法产生：一种是利用烟雾剂燃烧发生化学反应生成烟，例如，药剂中含有硝酸钾、硫黄、雄黄等成分，燃烧后分解出三硫化二砷气体，这种气体呈黄色烟雾状；另一种是利用燃烧产生的热量使染料升华获得彩烟，药剂燃烧后产生的热量使染料由固体颗粒升华为彩色蒸气，在大气中染料冷凝成有色烟云。通常使用的有机染料有靛蓝、玫瑰精、偶红、次甲蓝、槐黄、酞青蓝等。

化学魔术

魔术指以敏捷的动作或特殊技巧把真实情况掩盖，使观众感到或有或无、变化莫测的方术，也叫幻术或戏法。化学魔术指以化学变化为基础的表演技巧。下面介绍几种与火和水相关的魔术。

⊙ 烧不坏的手帕

将手帕用 50% 稀酒精溶液浸透，取出后点燃其一角，一边迅速挥动，一边燃烧，待火焰熄灭后，手帕仍完整无损。

原理：酒精燃烧时放出的热量消耗于水的蒸发，边烧边挥动加快了热量散失，故火焰实际温度达不到手帕的燃点。不过，若酒精浓度太高，且挥动太慢，则手帕仍可能烧着。

⊙ 手帕包火

将一粒萘球用手帕包好后用镊子夹住，点燃手帕，很快着火，发出红色火焰并有浓烟。燃烧完毕，火焰熄灭，但手帕无损。

原理：萘的燃点较低，易燃、易升华。升华要吸热，燃烧放出的热量刚好消耗在萘的升华上。不过要注意的是手帕要将萘丸裹紧，使氧气不足，且烧的时间不能太长，否则手帕仍会燃着。

⊙ 纸包火

将一小团脱脂棉放到5mL浓HNO_3和10mL浓H_2SO_4的混和液中，浸泡20分钟后取出，用水洗涤至中性，晾干后即成硝酸纤维（火棉）。用一张报纸松包住蓬松的火棉，留一个可点火和观察的小孔，再将一烧红的铁丝或木条伸进小孔点燃火棉，即可看到包住熊熊大火的纸仍安然无损。

原理：由于火棉容易分解放出CO_2、NO_2和H_2O，速度快，而且蓬松后间隙大，燃烧放出的热量消耗在气体和水蒸汽温度的提高上，成为低温火焰，报纸还来不及燃烧时火棉已分解完。但是如果火棉太多，或纸包得太紧时，仍可烧着。

⊙ 瓶液变色

在250mL锥形瓶中加入125mL水、溶入2.5g氢氧化钠及3.0g葡萄糖，再加入0.5mL0.5%的亚甲基蓝水溶液。此时溶液呈蓝色，摇匀后塞住瓶口，溶液逐渐转为无色。但是，打开瓶塞摇动瓶子，溶液又很快变蓝，再放置又转为无色，蓝色的深度取决于摇动的时间和猛烈程度。如果加塞摇动后再打开瓶塞，还可听到空气进入瓶中的声音，说明摇动时溶液吸收了气体。

原理：亚甲基蓝在葡萄糖作用下还原成无色物，而在空气中氧的作用下恢复其蓝色。在此过程中葡萄糖被氧化成葡萄糖酸，亚甲基蓝则作为氧化还原指示剂和氧的输送者。

⊙ 多色"饮料"

取8个高脚玻璃酒杯，分别加入半杯5%硫氰化钾、苯酚、醋酸钠、亚铁氰化钾、硝酸银、硫酸钠、碘化钾、碘化钾—淀粉液，在另一茶壶中盛10%三氯化铁溶液，给每只高脚杯分别注入壶中溶液并搅拌，可分别得到类似玫瑰酒、可口可乐等不同色液。

原理：酒杯中的各种溶液与铁盐生成不同色泽的配合物或沉淀：硫氰化铁（红）、酚铁配合物（紫）、醋酸铁（褐）、硫化铁（黄）、亚铁氰化铁（蓝）、碘（棕）、碘—淀粉（深蓝）、氯化银（乳白色沉淀）。

化学工艺品

化学工艺品是指通过手工或机器将原料或半成品加工成有艺术价值的产品，它既包含了化学元素，又体现了人类的创造性和艺术性，是人类的无价之宝。

⊙ 叶脉书签

叶脉书签小巧玲珑，雅观大方，尤为青少年和读书人喜爱。它的制作方法为：将6份氢氧化钠和6份碳酸钠溶于100份水中制成强碱溶液；在烧杯中将碱溶液加热至沸，加入新鲜树叶继续煮沸5~10分钟并轻轻搅动，直至树叶上的绿色软物质溶解，用镊子夹出放于清水盆中；用试管刷刷去绿色的软物质，直到完全剩下白色叶脉为止，取出，用清水漂洗后晾干；然后喷洒成美丽的图案或染成五颜六色再晾干；经压平后配上柔软的丝织线，便成一枚惹人喜爱的叶脉书鉴。

⊙ 瓷像

瓷像艺术品从属于陶瓷艺术品之列，向来是典雅、永恒、细腻的象征，是技术与文化艺术相结合的产物。

瓷像生产工艺经过几次大的变革。从最早期的完全手工描绘，经高温烧烤成型，到后来的贴花技术、感光技术、涂层技术、直喷技术的应用，制作周期逐渐缩短，操作越来越简单。后期又研发出激光陶瓷成像技术，进一步节省了制作工序，且成像精细度、成功率也大大提高。

⊙ 人工斑竹及其字画

用斑竹制成的家具，显得古色古香，惹人喜爱。但天然斑竹材料难得，价格较贵。用化学方法使普通竹制品变为斑竹制品，且与天然斑竹毫不逊色，足以“乱真”。

把经筛过的细泥用稀硫酸拌成浓浆状的酸泥，随意撒在竹制品上，然后将撒上酸泥的竹制品放在微火上慢慢烘干，待水分几乎蒸干、酸泥开始脱落时，用水洗去竹制品上的泥土，则普通竹制品就变成雅致美观的斑竹制品了。竹上的斑点，有的显深棕色，有的显淡棕色，与天然斑竹相似。若用这种酸泥在竹具上题字、绘画，再经烘烤，则竹制品上就会留下美丽的字画。

原理：酸泥在火上烘烤，由于一部分水蒸发，稀硫酸即变成浓硫酸，表现出很强的脱水性，能使竹中的纤维素炭化，留下炭化焦点，导致竹面出现深、浅棕色的斑点。

REFERENCES

参考文献

[1]王振刚．环境医学［M］．北京：北京医科大学出版社．2001.

[2]夏昭林．预防医学导论［M］．上海：复旦大学出版社．2014.

[3]甲乙卯．生活中误导你的450个常识［M］．石家庄：花山文艺出版社．2013.

[4]柯雪莲．日用护肤101问［M］．广州：广东经济出版社．2007.

[5]宝拉·培冈，布莱恩·拜伦，德西蕾·斯托达．带着我去化妆品柜台［M］上海：上海文艺出版社．2013.

[6]李坚，梁文俊，陈莎．人体健康与环境［M］．北京：北京工业大学出版社．2015.

[7]方明建，郑旭煦．化学与社会［M］．武汉：华中科技大学出版社．2009.

[8]刘旦初．化学与人类［M］．上海：复旦大学出版社．2008.

[9]江元汝．化学与健康［M］．北京：科学出版社．2008.

[10]周铁丽，曹建明．生命元素与健康［M］．杭州：浙江大学出版社．2014.

[11]梁冬．纺织新材料的开发及应用［M］．北京：中国纺织出版社．2018.

[12]柳一鸣．化学与人类生活［M］．北京：化学工业出版社．2011.

［13］魏振枢，杨永杰．环境保护概论［M］．北京：化学工业出版社．2015.
［14］刘立忠．大气污染控制工程［M］．北京：中国建材工业出版社．2015.
［15］邓沁兰．纺织面料［M］．北京：中国纺织出版社．2012.
［16］秦云靖．遏制青少年吸烟蔓延，保护未成年人健康成长［J］．丝路视野，2018（34）:354–355.
［17］马妍．中国人口吸烟模式的队列差异及社会决定因素［J］．人口研究，2015.39（6）:62–72.
［18］张璐，孙艳丽，张海粟．我国控制吸烟若干法律问题研究［J］．中国卫生法制，2018（1）：40–43.
［19］安白．向毒品说“不”［J］．青春期健康，2019（1）：78–79.
［20］叶桂梅，高文芹．齐鲁质量［J］．金银、珠宝、钻饰品的性能与保养，2002（4）：33.